THE THIRD CHIMPANZEE

For Young People

第三種猩猩

經典普及版

賈德．戴蒙
JARED DIAMOND

REBECCA STEFOFF 麗貝卡．斯特福夫／改寫　鄧子衿／翻譯

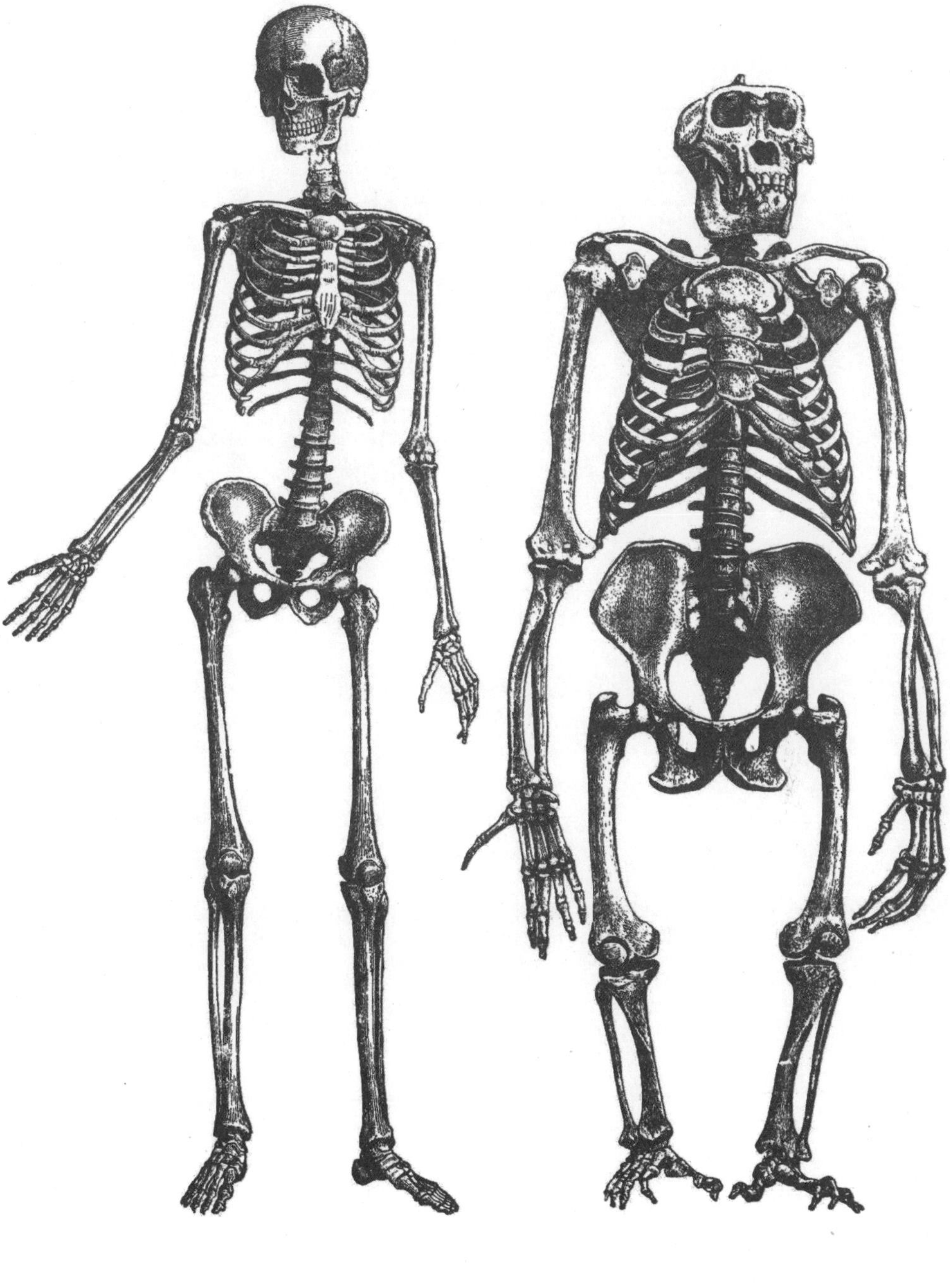

Contents

Contents

Contents

Contents

PART FIVE

人類進展一夜反轉 275

Contents

※導讀

科學做爲一種溝通：關於《第三種猩猩》的讀法

洪廣冀／國立臺灣大學地理環境資源學系助理教授

一九八五年，時年四十八歲的生理學家及鳥類學家賈德・戴蒙接到來自麥克阿瑟基金會的電話，得知他已被選為麥克阿瑟天才獎的受獎人。依照戴蒙日後的說法，當他得知這天大的好消息後，卻意外地陷入生平首次的沮喪中。原來，儘管在生理學、演化生物學以及生物地理學等領域中，戴蒙自認已做出了相當的貢獻，但麥克阿瑟基金會之所以選上他，似乎是意味著，他應該還可以做得更多。寫作不能僅為了自己在專業社群中的地位，戴蒙自忖，做為一個被麥克阿瑟基金會視為「天才」的科學家，他應該可以為社會大眾、為日常生活中無法也沒時間閱讀專業期刊的芸芸眾生來寫作。於是，在接下來的五年間，戴蒙全力投入了科普寫作，其成果便是各位手上的這本書。出版於一九九一年，《第三種猩猩》象徵一位科普作家、知識分子及一位充滿爭議之公眾人物的誕生。事實上，熟悉戴蒙之科普作品的讀者不難發現，戴蒙在《槍炮、病菌與鋼鐵》

以及《大崩壞》等著作中呈現的核心論證，早在《第三種猩猩》中已可見端倪。從後見之明來看，與其說《第三種猩猩》是戴蒙專業生涯的小結，倒不如說是一個宣言，即所謂的專業並不代表專業者得畫地自限，在自己的舒適圈或同溫層中呼風喚雨，而怯於回答一些大尺度、涉及地球未來及人類生存的根本問題。難怪，即便當戴蒙已著作等身、且其著作已讓他坐擁普立茲獎、英國皇家學會最佳科學圖書獎等科普界最高的榮譽，他還是認為，《第三種猩猩》為其生涯最滿意的作品。

或許《第三種猩猩》為戴蒙專業生涯的轉捩點，不過，對於臺灣的讀者來說，我們還是得追問，為什麼我們需要閱讀一本出版在二十年前的書？特別是，對人文社會科學感興趣的讀者應該多少耳聞，在人類學者、地理學者及社會學者眼中，戴蒙堪以惡名昭彰來形容。我清楚記得，約莫十年前，當我還在哈佛科學史系攻讀博士的時候，在一個研討會上，一位著名的環境史家從牙縫中硬生生地擠出「戴蒙，那個地理決定論者」——彷彿這幾個字是會玷汙此嚴肅、投入之學術交流場合的髒東西。在一篇發表在《資本主義．自然．社會主義》（*Capitalism Nature Socialism*）此批判地理學之重要期刊的評論中，作者科瑞亞（David Correia）甚至以「X你的，賈德．戴蒙！」（F**k Jared Diamond）為標題，痛斥戴蒙在客觀、中立與不偏不倚之科學外貌下，嘗試偷渡的種族主義、帝國主義以及美國中產階級青英之世界觀等危險的意識形態。考慮到戴蒙的爭議性，我認為，閱讀《第三種猩猩》之所以重要，理由並不在於該書的論證是穿越古今、放諸四海皆準的。相反的，我認為《第三種猩猩》及其論證為特殊時空下的產物。與其把《第三種猩猩》當成一本自然科學的普及讀物來讀，倒不如把它當成是一本導覽手冊。透過該書，我們可以體會到一個獨特的時空氛圍，乃至於在這個氛圍中求生的科學家及一般大眾，是如何體會及定位自己跟環境、跟他人間的關係。

說《第三種猩猩》不是單純的科普著作也意味著我們要重新思考「科普」這檔事。關於科普，一個習以為常的見解是，將艱澀難懂的科學知識以淺顯的話說出來，讓一般大眾可以輕易地瞭解；經此增能（empowered）之後，大眾才有功力可以抵禦在生活中處處可見的偽科學。儘管這樣的定義確實凸顯科普是什麼及為何重要，但我們也因此失於檢視科普作家是如何組織與呈顯科學事實，彷彿科普作者與科學家間的差異只是術語的有無及用語的深淺度不同而已。我認為《第三種猩猩》的價值之一便在於提醒我們科普並不如想像中的那麼簡單。

讓我們來看看《第三種猩猩》的書寫架構。面對人為何可為萬物之靈此人類史上的老問題，戴蒙如何從「人類與黑猩猩在DNA上的差異不足百分之二」此科學發現切入，逐步帶入這些許差異為何可讓人得以為人。為什麼人類偏好在隱蔽處性交？人類的女性為何會有更年期？人類是如何發展出完整語言的？為何大屠殺會發生？宇宙中是否有其他像人類一樣的生物存在？人類該不該試著與這些外星智能溝通？無線電跟啄木鳥的關係為何？在處理這些高度爭議的議題時，戴蒙的語氣是和緩的，文氣是不疾不徐的，主要援引的解釋架構則來自他對人類生理學、動物行為學、演化生物學及生物地理學的理解。（當然，就某些人文社會研究者而言，這樣和緩、不疾不徐及唯自然科學是問的風格是戴蒙為何如此危險的主因。）按照戴蒙的說法，這樣的寫作風格與其成長環境及教育背景息息相關。一九三七年出生在波士頓的東歐猶太人的移民家庭，戴蒙的父親是名小兒科醫生，而母親為語言學家及鋼琴家。戴蒙於麻州頗負盛名的羅斯貝瑞拉丁中學（Roxbury Latin school）接受完整的古典教育，畢業後也順利進入哈佛大學就讀，並在劍橋大學的三一學院取得生理學博士學位。考慮到戴蒙的成長環境，我必須說，《第三種猩猩》的寫作風格讓我想起十九世紀英國的科學作品——特別是一本出版於一八四四年、在英國社會中引起陣陣騷動、但讓學院中人恨得牙癢癢的奇書：由記者錢伯斯（Robert Chambers，一八〇二～一八七一）匿名出版的《創造之自然史的遺跡》（*Vestiges of the Natural History of Creation*）。從書名可見，錢伯斯試著以自然史來解釋「創造」這似乎只有神學家才有資格談論的主題，更有甚者，為了要解釋創造是如何發生，乃至於創造與目前地球上分布之「萬物」（*creatures*）間的關聯，錢伯斯大膽地將當時被視為異端學說的變異（transmutation）納為解釋架構，認為變異——而非當時自然神學家強調的不變與永恆——才可解釋宇宙的起源、地球的誕生以及人類的演化等包山包海的現象。值得注意的，如以劍橋大學科學史家西科德（James Secord）的說法，這本以物質論和突變說為基調的作品在沙龍、研討會、酒吧以及派對等場所引發位於社會不同階層之讀者的熱烈討論，而此轟動（sensation）在很大程度上讓達爾文的《物種源始》（*On the Origin of Species*）成為十九世紀中葉英國叫好又叫座的暢銷書。依據其對十九世紀英國之科普著作的研究成果，西科德大膽地主張，科學不只是事實的發掘、羅列及堆積而已，科學之所以為科學，乃至於什麼樣的科學可以為人接受，與社會中習以為常的溝通方式及行動息息相關。

如果說科學實為一類溝通，那麼，我們有必要思考，到底戴蒙想要溝通的對象是誰呢？從這個角度看，《第三種猩猩》可以說是一則珍貴的史料，讓我們可以一窺戴蒙所置身的美國社會。從歷史分期的觀點，戴蒙寫作《第三種猩猩》的年代是所謂新自由主義的時代。不堪一九七〇年代的能源危機，盛行於戰後美國的大量生產、大量消費的生活方式，乃至於以國家意志來推動經濟發展及區域規畫的福利國家模式終於由勝轉衰。有鑑於此，自一九八一年起擔任美國總統的雷根開始，推動了一系列政策，一方面將國家的手自市場中抽出，期待市場隱形的手可以自行發揮作用；另一方面，動用軍警的強制力，國家也幫助清除像工會、環境運動等資本之空間擴張的絆腳石。在這樣的背景下，如果如戴蒙所說的，《第三種猩猩》為其面對社會的首部作品，那麼，「戴蒙試著與大眾溝通的科學及新自由主義間的關聯」便是值得每位讀者深思的問題。

最後，我想要邀請讀者一同來思考，到底什麼是環境、什麼又是地理？如前所述，對人文社會科學研究者而言，戴蒙最讓人詬病之處便是其地理或環境決定論。也就是說，如同二十世紀初的社會達爾文主義者一般，在解釋不同社會在發展上的差異時，戴蒙過於方便且不加反思地援引社會所座落的環境條件及地理區位。值得注意的，面對如此的質疑，戴蒙則回擊，批評者是文化與社會決定論者，在試著揭露不同社會的運作邏輯及象徵體系時，對於環境及地理區位如此顯而易見的限制因素視而不見。不過，要提醒各位讀者，證諸晚近自然及人文社會科學的發展，愈來愈多的研究者已經試著超越這樣針鋒相對（也相當沒有建設性）的叫陣。不僅自然科學家已發展出更細緻的理論及工具來測量人類活動之於地球系統的影響，人文社會學者也試著把眾多非人物種納入考量，發展如「跨物種族群誌」或「不僅是人的人文地理學」等文類及分析取向。到底這些嘗試在什麼程度上拉近了人文社會科學與自然科學的鴻溝還有待觀察。但無論如何，若法國哲學家拉圖（Bruno Latour）所說的「我們從未現代過」（即如果現代性意味著社會脫離自然的束縛而卓然獨立，那麼，證諸晚近環繞在基因食品以及氣候變遷的爭議，我們現代人其實從未現代過）有幾分道理的話，那麼，除了為對方貼上環境決定論或社會決定論的標籤外，我們還有更多的選擇。

不論你喜不喜歡戴蒙，這位地理學家、環境史家、科普作家及知識分子都不是個可以略過不提的人物。不過，如我一再強調的，在當代的世界中，戴蒙之所以重要，並不是因為他的科普寫作包含了不起的理論洞見或科學發現，而是他的著作幫助我們看清一個貌似已經過去、卻始終陰魂不散的時代。畢竟，跟一九八〇年代的戴蒙一般，我們還是處在一個新自由主義的時代——一個資本的力量貌似無遠弗屆、國家的介入更形隱晦，而眾多的偽科學及假新聞更橫行無阻的時代。如果說《第三種猩猩》象徵著戴蒙對此趨勢的回應，那麼，同樣處於新自由主義時代的我們，若有機會面對公眾而寫作時，我們可以寫些什麼？我們或許不用等到四十八歲、得到某個大獎後才開始想這個問題。閱讀這本四十八歲的戴蒙在無後顧之憂、懷著「為一個激烈轉型的社會提供些許貫穿古今、放諸四海皆準之原則」的心情而寫就的作品，或許是個開端。

※推薦序

第三種猩猩——生物學家眼中的「人」

許慶文／國立新竹高中生物科教師

何為人？人與其他動物之間的差別何在？這是一個不容易回答的問題，也是身而為人應該好好思考的一個問題。這個問題的答案，常會因為角度的不同而有很大的差異，且往往和回答者的學科背景有關。孟子曰：「人之所以異於禽獸者幾希，庶民去之，君子存之。舜明於庶物，察於人倫，由仁義行，非行仁義也。」標明了仁義是人的標準。這是從道德的觀點來論述人，也是大多數人對於何為人的普遍標準，然而仁義是很抽象的說法，何為仁、何為義，更會因為所站角度的差異而有所不同，所以較難以科學方式討論。

《第三種猩猩》所要論述的是人類的演化與發展歷程，當然必須對論述的對象——人——做一個界定。由於賈德．戴蒙的專長為生理學、生物地理學以及鳥類演化學，所以他是以行為與適應的角度來論述人，這樣的切入角度，無疑令人耳目一新；而將人與其他生物等同，完全忽略了有關人性的部分，自然也是備受爭議。

賈德·戴蒙所認定的人類特性：會大規模殺害自己的同類、會毀滅環境與所依賴之資源、造成大量物種的快速滅絕，和他對於農業生活模式的批判，以及追求自我毀滅之動機，也引起極大的爭議。但書末對於人類未來的警示、提醒與建言，則是普為接受的觀點，也對後來的人類社會發展方向，造成很大的影響。

秉持一個嚴謹科學家的堅持，賈德·戴蒙並非以主觀的認知來論述自己的觀點，相反的，他試著在書中呈現出一個科學家是如何解決問題的相關過程。書中論述的基本模式為：提出一個明晰的問題，接著根據這個問題提出目前相關的客觀科學研究成果，然後再以這些成果推導出結論，並帶出後面更多的問題，如此重複不斷推論下去，從而貫串出整個人類的分類地位界定和演化、適應之歷程與結果。

細讀本書，可以瞭解到在人類考古的一些研究方法，與近幾十年來人類學、分子生物學與生物地理學的研究成果，讓讀者能一方面熟悉演化學者與人類學者的研究方法與歷程，一方面藉由作者所提出之研究結果和推論，一窺人類演化歷程，是本非常好的科普書籍。對於想從不同角度來認識人類這個物種的讀者來說，是不可多得的好材料。當然，作者完全將人類與其他動物等同，僅以生物學的立場來剖析人類的特性，完全忽略了道德、文化在身為人類中所扮演的角色的做法，也引來了諸多爭議。加上作者對於其推論中有關演化動機以及適應方面的論述，難免有其自己主觀的看法與較牽強的連結，所以同行中不贊同者，也大有人在。

姑且不論作者的觀點是否正確、適宜，本書對於有關人類演化推論中諸多客觀正確事實與證據的提出，與他利用鳥類演化、生物地理分布等證據和一些心理學、行為學和人類考古證據間所做的推導、連結和論述歷程，本身即具有相當的可讀性，很值得大家細細探究。

本書是由麗貝卡・斯特福夫所改寫的版本，為了顧及讀者的閱讀負擔，刪除了一些較為艱深的內容，並以一些適當的標題為引導，方便讀者閱讀。這樣的改寫雖然減輕了讀者壓力，但卻少了原作者自己的內在邏輯歷程，不免讓人遺憾；所以對作者論點感興趣之讀者，建議能重讀完整版的內容，相信能有更多的收穫與感觸。然新版也有其好處，除了內容較簡單易讀外，因為少了作者的詳細學術論證歷程，讀者可以不被作者的推論所干擾，再加上所提供之客觀事實與證據均在，所以讀者可以根據這些事實基礎，再以自己的經驗提出個人觀點或看法，很適合做為討論材料。新版建立了許多小標題做引導，這種做法雖然打斷了原作者的邏輯架構，卻能轉移做為討論之議題，非常適合進行段落的挑選，以做為讀書會或是課堂的討論議題資料，讓大家能直接針對感興趣之部分進行討論，也算是不錯的設計。

引言

什麼原因讓人類成為現在的模樣？

和其他的動物比較，人類明顯不同。但是，人類也是一種動物，一種大型哺乳類動物。這種矛盾是人類最有趣的特徵，至今我們依然難以瞭解這個特徵的意義，以及這種特徵是怎樣產生的。

從某方面來看，人類和其他生物之間巨大的鴻溝，讓我們將牠們稱為「動物」，並且把人類和動物完全區隔開來。我們認為蜈蚣、黑猩猩和蛤蜊具備一些動物共有的特徵，這些特徵是人類沒有的；或是有些人類的特徵是那些動物沒有的，這些人類獨有的特徵包括：以語言溝通、喜愛藝術、製造複雜的工具、穿著衣物，以及某些黑暗的特質，例如大規模殺害同物種的個體。

但是從另一方面來看，我們的身體組織、分子與基因和其他的動物一樣，我們甚至知道人類屬於哪一種動物。早在十八世紀，研究解剖學（身體結構）的科學家便發現，人類的身體構造和生活在非洲的黑猩猩非常相近。我們現在辨認出的黑猩猩有兩種：一種是一般的黑猩猩，另一種是巴諾布猿（bonobo），有時稱為矮黑猩猩（pygmy chimp）。從外星來的科學家到了地球，一定會把人類分類成第三種黑猩猩。地球本土的科學家現在知道，人類和這兩種黑猩猩的遺傳組成有九八%是相同的。

人類基因和黑猩猩基因之間的差異很少，但是這很少的差異，使得人類如此特殊。在人類的遺傳歷史中，特殊的變化是最近才發生的，幾萬年前，人類才開始出現那些讓我們既獨特又脆弱的特徵。這本書將仔細說明這些特徵是如何發展出來的，以及發展這些特徵的目的。這些特徵導致的結果有好有壞，好處是讓我們有語言、藝術以及生命週期；壞處則是我們有能力摧毀自己與其他物種。

爲什麼會有這本書

這本書的內容，來自於我自己的興趣與背景。小時候我想當醫生，但是當我在大學的最後一年，這個目標逐漸改變，比較想當醫學研究人員（按：美國的制度是在有大學學位之後才能接受醫學院的醫師訓練）。那時我研讀的是生理學，這門學問研究的是動物從細胞到個體中各種系統的運作方式。之後我在美國加州大學洛杉磯分校醫學院中教書與從事研究。

不過我也有其他的興趣，從七歲開始我就喜歡賞鳥。我很幸運，就讀的學校讓我能夠投入語言和歷史中，我並不想一輩子只讀生理學。之後，我有機會在某個夏天前往新幾內亞的高地，這是一座位於澳洲北方的巨大島嶼，這次去的目的是要探查鳥類築巢的成功率。由於我在叢林中連一個鳥巢都找不到，計畫當然就失敗了。但是這趟旅行滿足了我對於冒險的渴望，也讓我能夠在這個世界上最原始的地區之一盡情賞鳥。

在第一次的新幾內亞之行後，我發展出了第二項事業：專注研究鳥類、演化與生物地理學。為了研究鳥類，我多次前往新幾內亞和鄰近的太平洋島嶼。當我目睹了人類的活動摧毀了森林以及我鍾愛的鳥類，我便開始參加保育工作，協助政府規劃國家公園，以保護生態系統以及動植物物種。

最後，為了研究鳥類的演化和滅絕，我必須瞭解人類的演化以及可能的滅絕方式。人類是最有趣的物種，你、我和地球上每個人都是智人（*Homo sapiens*），也就是現代人類，這本書的內容便是研究的結果。我從數百萬年前的人類起源開始講起，結尾則是對人類未來的思索，以及從人類的過往歷史所得到的教訓。

建立全貌

人類出現的故事，時間長達數百萬年，是融會了許多科學分支領域中的資料和知識所寫成。我在寫這本書的時候，用到了自己的經驗以及學習過的科學知識，也採納了其他領域科學家的研究成果，遠從考古學，近到動物學，還有一些特別的領域，例如研究古代疾病的古病理學（paleopathology），以及研究化石植物的古植物學（paleobotany）。

就像上面所說的，我一開始研究的是解剖學和生理學，之後去研究鳥類，特別專注在鳥類的生態學上，也就是研究鳥類與其他物種以及鳥類與環境的交互作用。身為生物地理學家，我對地理與生物之間的關係也深感興趣。生物地理學家所提出的問題會是這樣：為什麼有些物種幾乎分布在全世界，而有些物種只會住在某一種樹上？在這本書中你會看到，在人類這個物種的歷史中，生物地理學占據了重要的地位。

我也是演化生物學家，這意味著我會從演化的角度看動物與植物，探究生命在時間中的變化。地球上一直有新的物種出現，舊的物種滅絕（在第四章中會解說這個過程）。在這本書中，我會以演化生物學的架構，審視人類的特徵與行為。

用新的眼光看待人類

以科學家的角度看日常事物，它們往往呈現出不同面貌。例如「人們是怎樣彼此吸引的」這個問題，你認為某一個人身上有什麼特質是吸引你的？這個世界上有多少人，這個問題的答案就有多少個。

但是對於演化生物學家來說，他們會從另一個層次看待這個問題。由於演化生物學家把人類這個物種看成自然世界的一分子，便會假設塑造人類的驅力和塑造其他物種的驅力是相同的。藉由觀察鳥類、齧齒類和猿類選擇配偶的模式（在第三章中會說明），我們會瞭解到一些人類行為的來龍去脈。

就演化的觀點來看，如果雙親具備了成功的特徵與行為，那麼便能夠產下最多的子女；這些子女將來也會生兒育女，把來自於雙親的基因傳遞到下一代。但是這並不意味著演化生物學提供了完整的解釋或是唯一的解釋；這只是說，把人類納入生物演化史中，能夠使我們的眼界更為開闊。

用看待其他物種的眼光看待我們自己這個物種後，我們那些看似混亂、神祕甚至讓人不舒服的人類行為，便會有了新的見解。這是一種可以讓我們更瞭解自己的方式，而想要瞭解自己，正是人類高度的特質。

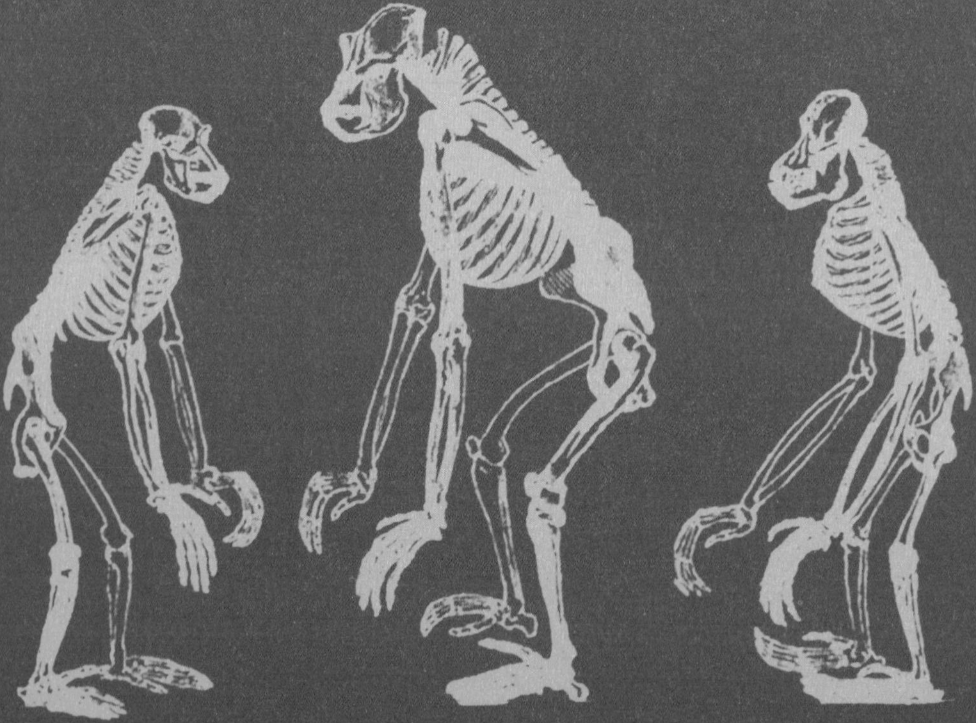

PART ONE

I 只是另一種
大型哺乳動物

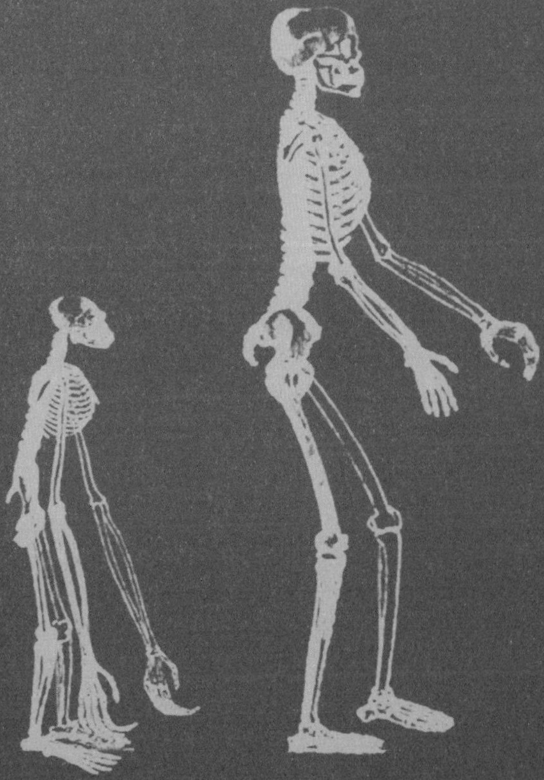

（從左到右依序是：長臂猿、人類、黑猩猩、大猩猩、紅毛猩猩）靈長動物中的五個物種：人類和其他四種猿類。數百年前，人們就知道人類和猿類的骨骼結構相似；但直到研究DNA之後，才確定和人類親緣關係最接近的物種是黑猩猩，人類屬於猿類。

人類什麼時候開始不再只是某一種大型哺乳類動物？為什麼會這樣？怎麼發生的？在接下來的兩章中，會有回答這三個問題的線索。考古學（透過實體遺物來研究人類社會的過去）中的傳統證據，包括了化石和古代遺留下來的工具；而較新的證據則來自於分子生物學。分子生物學研究人類的遺傳組成，並且追溯到遠古那些類似猿類的祖先。

有一個基本的問題，是關於人類與黑猩猩有什麼不同。只研究人類和黑猩猩的外貌，並且看出有哪些差異，對於回答這個問題並沒有什麼幫助，因為許多遺傳變異所產生的效果不是肉眼可見的；而另一些遺傳變異造成的效果就非常顯眼。大丹狗和吉娃娃之間的差異，看起來要比人類和黑猩猩之間的差異來得大，但是大丹狗和吉娃娃屬於同一個物種，而黑猩猩和人類卻屬於不同物種。

我們怎麼知道人類和黑猩猩在遺傳上的差距有多大呢？分子生物學家已經給了我們答案。他們發現人類和黑猩猩之間的基因差異程度，要比任何兩種類群的人類（human population）或是任何兩個品種的狗大得多了。但是如果和其他兩種親緣關係相近的物種比較，人類和黑猩猩的基因差異就算小。這意味黑猩猩的基因只要有些微的變化，便會導致巨大的改變，造就了人類特有的行為。

接下來我們會探究從人類類似猿類的祖先到現代人類之間，所遺留下來的骨骸和工具，並且從這些遺物中得到了哪些啟發。從化石可以得知，人類祖先是從四肢步行轉變成直立步行，腦容量也增加了。人類要發展語言並且能夠發明創新，就必須要有比較大的腦。事實上，我們還預期化石紀錄會顯示工具會隨著大腦容量增加而改進。但是在人類演化史中最讓人意外的謎團，便是當人類的腦變得和現代人類一樣大之後的數十萬年中，石器依然沒有精進。

六萬年前，尼安德塔人的腦比現代人類的腦還要大，但是他們的工具和藝術品並沒有創新的地方。尼安德塔人只是另一種大型哺乳動物。就算在數萬年前有些人類族群（human population）的骨骼已經演化得像是現代人類，但是他們使用的工具依然如尼安德塔人的工具那樣平淡無奇。

人類的基因和黑猩猩的基因之間只有少許的變化，可是其中一定有更小的變化並沒有涉及我們骨骼的形狀，而是賦予了人類發明、藝術創造與使用工具的能力。至少在歐洲，當早期現代人類中的克羅馬儂人（Cro-Magnon）取代了尼安德塔人之後，這些素質才突然冒出來。這時我們才脫離「只是另一種大型哺乳動物」的身分。在第一部的最後，我將說明推動人類地位快速提升的原因。

第1章
三種黑猩猩的故事

下次你去動物園，到猿類的籠子去看看。想像這些猿類的毛全部都脫落了，再想像牠們旁邊有另一個籠子，裡面有一些不幸的人類，他們除了沒有穿衣服、不會說話之外，其他方面都和普通的人類一模一樣。現在猜猜猿類的基因和人類的基因差異有多大。你認為一頭黑猩猩和一個人類的基因相同的比例有多高？一〇％？五〇％？還是九九％？

最近幾十年來，科學家已經回答了這個問題。雖然還有其他許多問題沒有答案，我們對於人類的起源已經比過去瞭解得更多了。每個人類社會都有深切的需求，希望知道自己的起源，知道關於人類誕生的故事。而人類誕生的故事，就是三種黑猩猩的故事。

三個問題

數百年前，我們就知道人類屬於動物。人類是哺乳動物，部分哺乳動物具有毛髮，並且會照顧後代。在哺乳動物中，人類屬於靈長類，靈長類包含了猴子和猿類。靈長類動物具有一些其他非靈長類動物不具備的特徵，包括扁平的手指甲和腳趾甲（不是爪子）、具備抓握能力的手掌，以及能和其他四根手指產生相對活動方向的拇指。

在靈長類中，與人類最相近的是猿類（大猩猩、黑猩猩、紅毛猩猩、長臂猿）而非猴子。猴子有尾巴，猿類和人類沒有。長臂猿和其他猿類又有些不同，牠們比較矮小，手臂很長。大猩猩、黑猩猩、紅毛猩猩和人類彼此之間親緣關係的密切程度，要超過任一種猿類與長臂猿之間接近的程度。

進一步分析這些猿類彼此的親緣關係，就難倒科學家了。激烈的爭論主要圍繞著下面這三個問題：

＊由人類、現存猿類物種以及已滅絕的人類祖先猿類物種之間，究竟組成了什麼樣的親緣關係譜系？如果我們能夠瞭解這些細節，就可以知道現在的猿類中哪一種和人類的親緣關係最接近。

＊人類和親緣關係最接近的猿類，兩者最後的共同祖先在多久以前仍然存活著？知道這個答案，就能夠知道人類是多久以前在這個親緣關係圖譜中建立分支的。

＊人類和親緣關係最接近的猿類共有的遺傳組成，占人類遺傳組成的比例是多少？這樣我們就能知道人類有多少基因是人類特有的。

化石紀錄或許能夠回答前兩個問題，但是不幸的事實擺在眼前，五百萬年前到一千四百萬年前這段關鍵時刻，非洲幾乎沒有猿類的化石遺留下來。這些問題的答案來自於意想不到的地方：鳥類分類計畫。

來自鳥類研究的線索

一九六〇年代，分子生物學家瞭解到，組成植物和動物的分子，可以當成「時鐘」，用來計算物種之間的遺傳差距，然後從這裡瞭解這些物種（例如獅子和老虎）在演化譜系上是多久之前分開的。

假設我們從化石資料中得知，獅子和老虎是在五百萬年前分開演化的；如果獅子中有某一種分子，老虎身上也有，但是有一%的差異，這就意味著在各自演化的時候，五百萬年造成一%的遺傳變化。科學家想比較兩種沒有化石遺留下來的物種，可以研究這兩個物種中的共同分子，如果兩個物種中這種分子的差異為三%，科學家就會知道這兩個物種是在一千五百萬年（五百萬乘以三等於一千五百萬）前從共同祖先那裡分開來演化的。

一九七〇年代，席布利（Charles Sibley）和沃奇士（Jon Ahlquist）這兩位科學家把DNA的變化當成分子時鐘，研究一千七百種鳥類（現存鳥類的五分之一）的演化關係。十年後，他們運用相同的技術研究靈長類動物的演化。在這項計畫中，他們研究了人類和與人類親緣關係最接近的物種：黑猩猩、巴諾布猿（矮黑猩猩）、大猩猩、紅毛猩猩、兩種長臂猿和七種猴子。他們的研究結果讓我們對於靈長類家族譜系有更深入的瞭解。

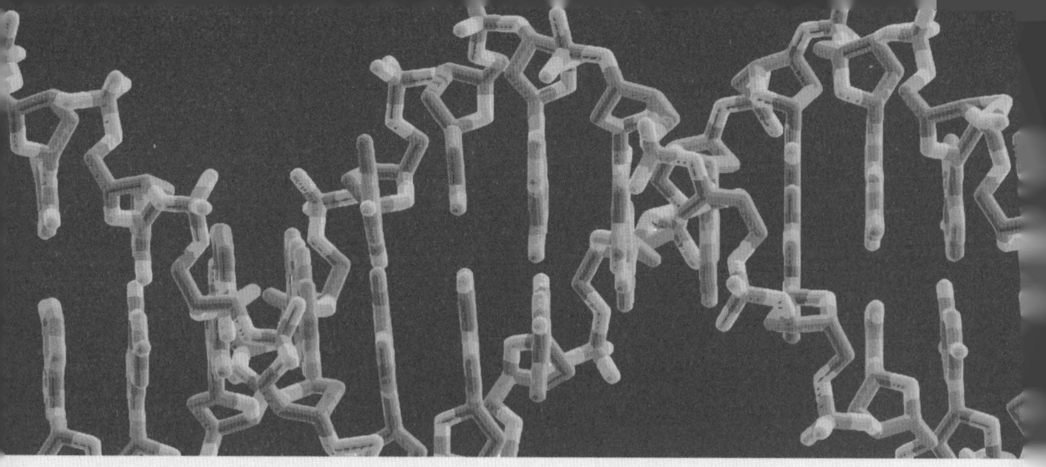

把DNA當成時鐘

分子時鐘的運作方式是這樣的：假設有些種類的分子是所有生物中都有的，但是這種分子在各種不同的生物中有不同的結構。假設結構的改變是在數百萬年中經由遺傳突變而慢慢累積而成的，同時這種改變的速度在每個物種中都一樣。

兩個物種剛開始從共同祖先那邊誕生出來時，這種分子是相同的。隨著時間流逝，在兩個各自的演化分支中，會各自發生不同的突變，這樣的突變會讓兩個物種中這種分子的結構發生不同的改變。我們能夠測量現在這兩個物種中這種分子的差異程度。如果我們知道了平均下來每百萬年會有多大的變化發生，那麼兩個物種之間分子的差異就能夠當成

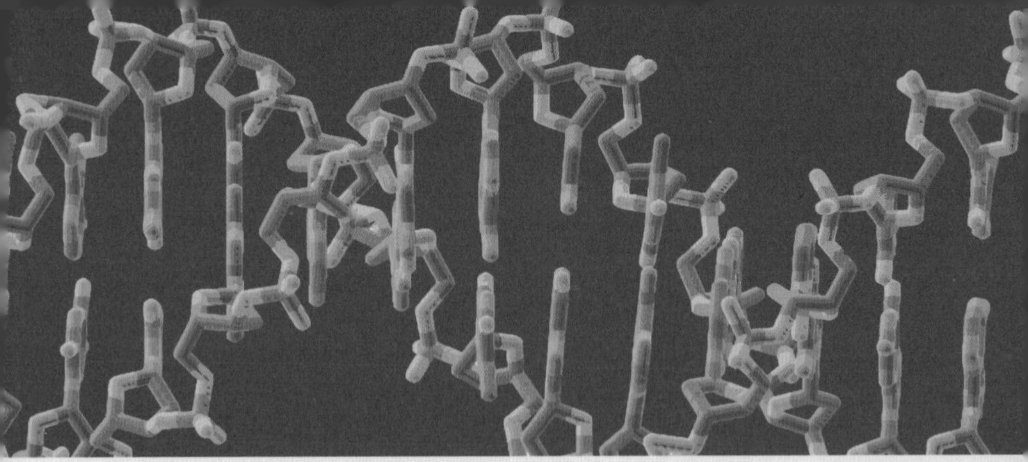

「時鐘」，讓我們推測這兩個物種從共同祖先那裡分開後，經歷了多少時間。

大概在一九七〇年前後，分子生物學家發現最適合用來當作「時鐘」的分子是去氧核糖核酸（deoxyribonucleic acid），縮寫成DNA。所有的生物都有DNA，但是這些DNA都不一樣。DNA由兩條長鏈分子組合而成，每條鏈都由四種小型的分子串聯形成，這些小分子排列的順序稱為「序列」（sequence），記錄著遺傳資訊，這種資訊會由雙親傳遞給後代。

科學家利用DNA雜交（DNA hybridization）的方式來測量DNA結構的變化。他們先把兩個物種的DNA混合在一起，計算雜交DNA的融點，下一步比較來自同一物種DNA的融點與雜交

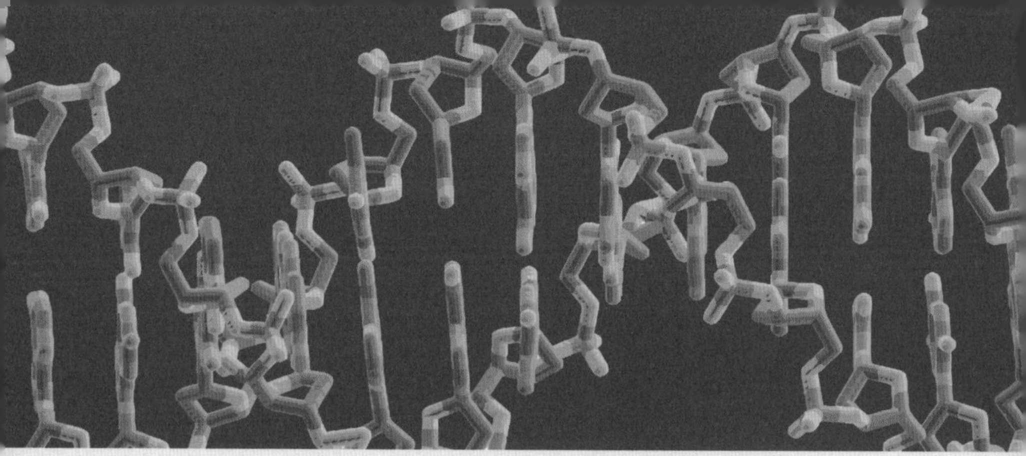

DNA的融點。如果相差攝氏一度，就表示雜交DNA約有一%的差異。

最後一步是校正DNA時鐘，也就是把DNA的變化和實際的時間長度結合起來。我們能夠知道兩個物種的DNA差異為一%，但是我們還得知道DNA是怎樣隨著時間而變化，否則還是不曉得這兩個物種是在多久之前分開演化的。科學家為了校正DNA時鐘，用從化石紀錄得知演化歷史並且推定出正確時間的物種當作標準。在鳥類中，科學家研究了化石和現存鳥類的DNA，發現細胞色素b（cytochrome b）的DNA每百萬年大約會發生一%的變化。科學家利用這項資訊，能夠比較現存兩種鳥類的細胞色素b的差異，得知這兩種鳥類是多久以前從共同祖先那裡分開演化的。

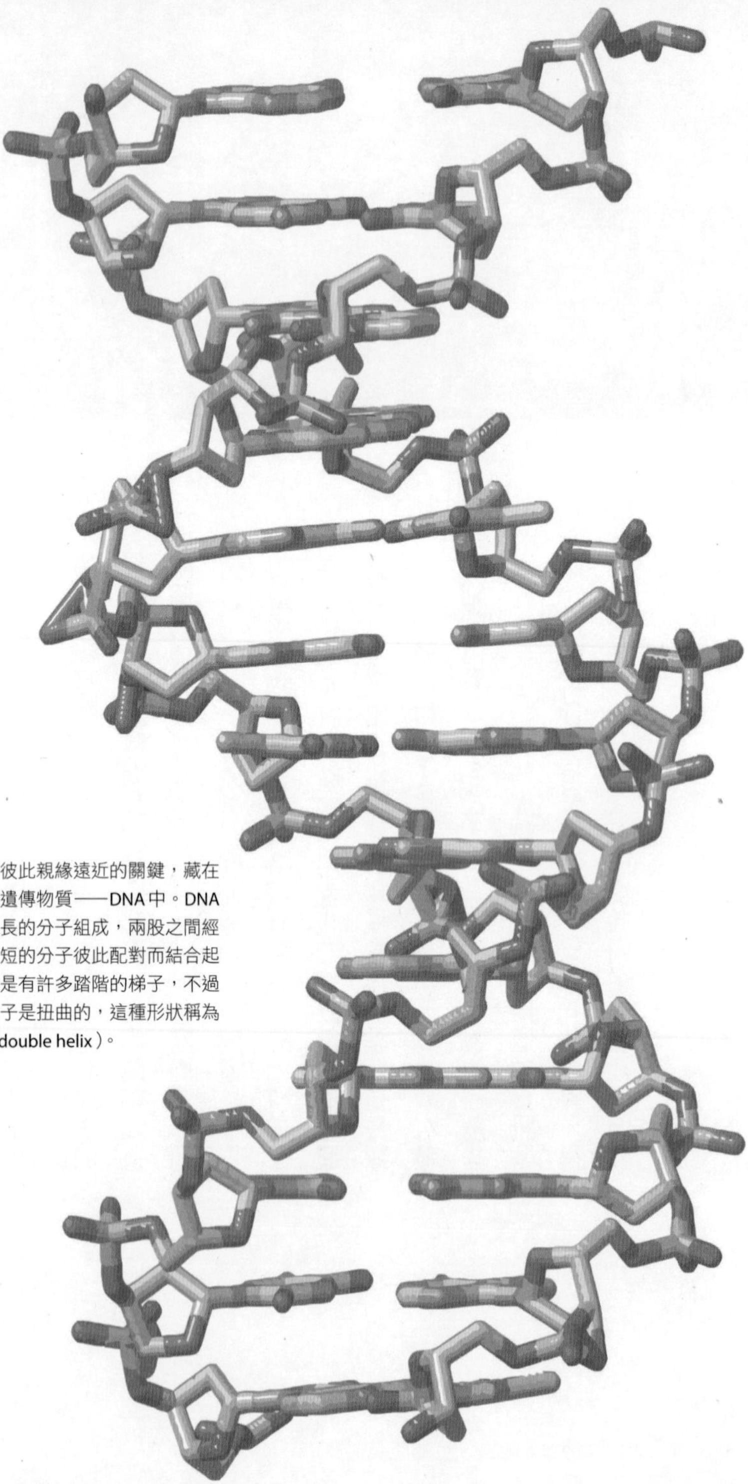

瞭解生物彼此親緣遠近的關鍵，藏在細胞中的遺傳物質——DNA中。DNA由兩股長長的分子組成，兩股之間經由一對對短的分子彼此配對而結合起來，就像是有許多踏階的梯子，不過這個長梯子是扭曲的，這種形狀稱為雙螺旋（double helix）。

高等靈長類族譜

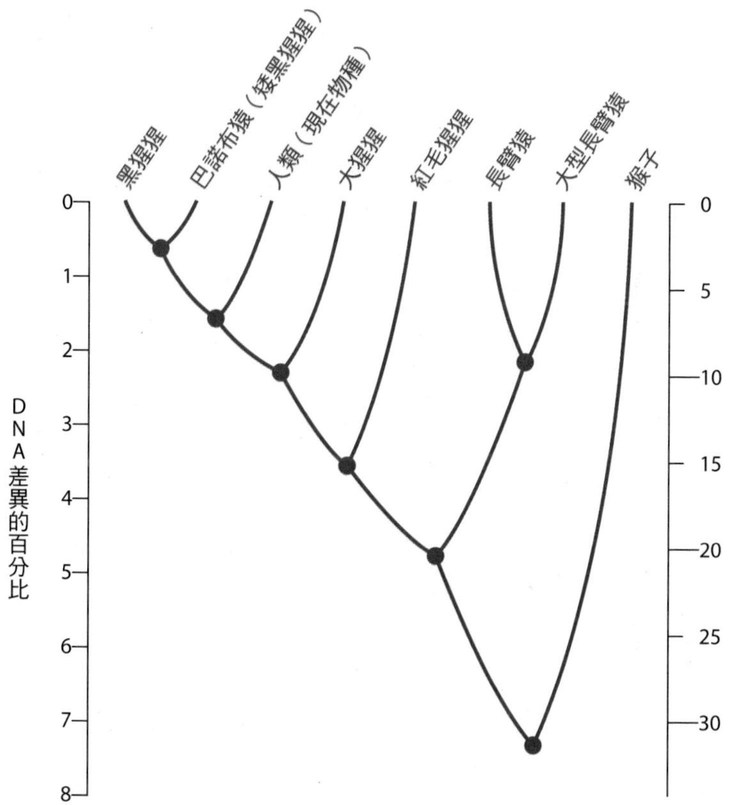

追溯每一對現代高等靈長類動物在譜系中分開的時間點，圖中以黑點表示。圖中左側標明的是這些現代靈長類動物DNA間差異的百分比，右側的數字是估計的年代，以百萬年為單位。例如黑猩猩和矮黑猩猩的DNA有0.7%的差異，牠們是在三百萬年前分開的。人類的DNA和這兩種黑猩猩的差異是1.6%，人類與牠們的共同祖先是在約七百萬年前分開的。大猩猩和人類與黑猩猩的差異約為2.3%，所以牠和人類與黑猩猩的共同祖先是在約一千萬年前分開的。

靈長類族譜

科學家研究靈長類動物DNA中的生物時鐘，發現到猴子與猿類之間有巨大的遺傳差異，因而把猴子分在一群，把人類和猿類分在另外一群。這個結果一點都不讓人驚訝。自從科學家開始研究猿類以來，都同意人類和猿類彼此之間的親緣關係接近的程度，要大於人類或某種猿類和其他猴子的關係。分子時鐘顯示人類及猿類和猴子之間的DNA差異是七%。

這個時鐘也確認了在猿類中，長臂猿和其他種類的親緣關係最疏遠。長臂猿的DNA和其他猿類及人類的差異是五%；紅毛猩猩和大猩猩、黑猩猩與人類之間的差異是三·六%。這些發現指明了長臂猿和紅毛猩猩在很久以前就在猿類家族建立分支了，現在只有在東南亞才能發現長臂猿和紅毛猩猩。相較之下，只有在非洲才能發現大猩猩與黑猩猩，非洲也是最早人類所棲息的大陸。在猿類中，和人類親緣關係最接近的是黑猩猩和巴諾布猿，牠們兩者的DNA有九九·三%是相同的。

那麼人類呢？人類和大猩猩DNA的差異為二·三%，和兩種黑猩猩的差異為一·六%。換句話說，人類和黑猩猩這種和我們最接近的物種，有九八·四%的DNA是相同的。用另外一種角度看，和黑猩猩最接近的物種並不是大猩猩，而是人類。

經由靈長類動物的資料來校正ＤＮＡ時鐘，能夠指出大猩猩和黑猩猩及人類的祖先是在一千萬年前分開的，古代人類在七百萬年前和黑猩猩分開。換句話說，這七百萬年來，人類這個分支是獨自演化的。

人類和黑猩猩之間的遺傳差距，要小於兩種長臂猿之間的差距（二・二%）。用鳥類來當例子說明，紅眼綠鵑（red-eyed vireo）和白眼綠鵑（white-eyed vireo）歸類在同一個屬（一群親緣關係非常接近的物種）中，牠們的ＤＮＡ差異是二・九%，比人類和黑猩猩之間的差異還要大。就遺傳親疏的觀點來看，人類、黑猩猩和巴布諾猿應該歸在同一屬。就這樣來說，人類是第三種黑猩猩。

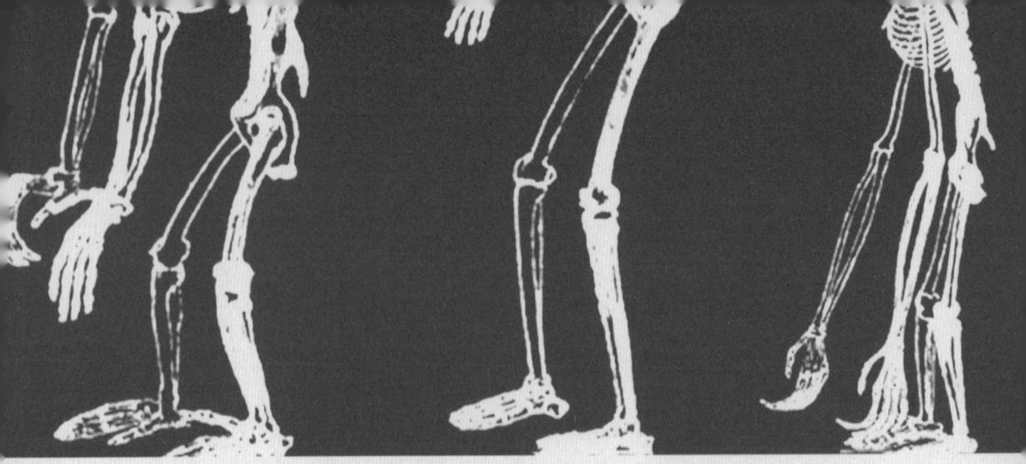

我們應該如何對待猿類

現在我們知道人類和黑猩猩之間遺傳差距很小，對於人類和猿類地位的看法可能會隨著時間改變，對待猿類的方式也可能改變。這個問題和倫理有關，也就是牽涉到什麼是正確或錯誤的行為。

現在我們可以接受在動物園裡猿類被關在展示區中，但是人類遭受到同樣的對待則無法接受。如果不是有許多人到動物園參觀，對猿類產生興趣，那麼公眾花費在保護野生猿類的錢就會減少。一方面我們知道黑猩猩與人類的親緣關係非常接近，另一方面我們有把黑猩猩和其他猿類捉到動物園展示的需求，這兩者該如何才能夠平衡呢？

在黑猩猩身上進行醫學實驗也是一個充滿爭議的議題。如果

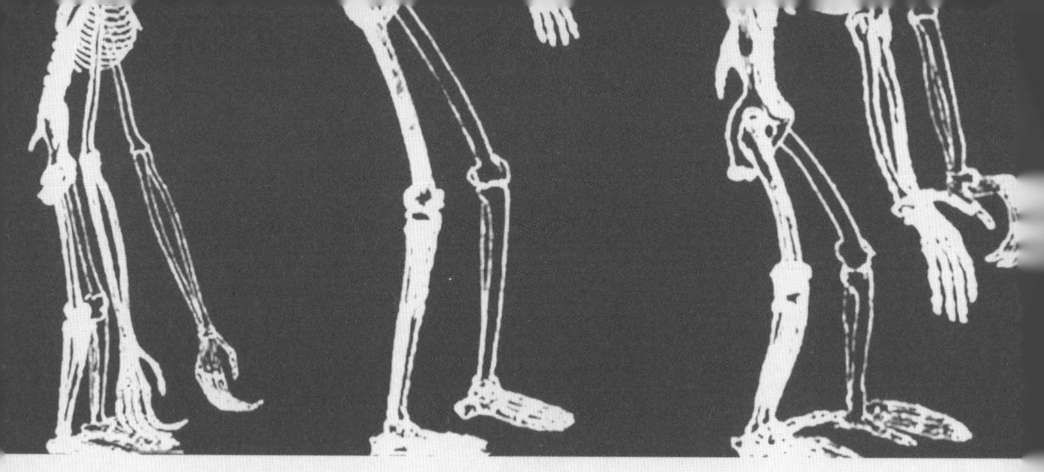

在不知情也不同意的狀況下，對某個人進行人體試驗，是不道德（也就是錯誤）的行為。那麼為什麼對黑猩猩做相同的事情就可以呢？我們會說這是因為黑猩猩是動物，對黑猩猩這麼做與對昆蟲和細菌這麼做，並沒有不同，因為昆蟲和細菌都是生物。但是如果考慮到智能、社會組織，以及對疼痛的感受力，那麼就很難在所有的人類和所有的動物之間，畫下一條清楚的分隔線。相反的，研究不同的物種時，應該有不同的倫理規範。如果現在用來進行醫學研究的物種中，有哪一種應該停止在牠們身上進行實驗，那當然就是黑猩猩了。

還有更糟糕的事情。用來進行研究的黑猩猩，通常關在嚴苛的環境中。我第一次見到的實驗黑猩猩，身上注射了致死但是發病過程緩慢的病毒。這頭黑猩猩獨自被關在室內的狹小籠子中，度過了許多年，到死之前都沒有玩具和玩耍的對象。為了研究而捕捉野生黑猩猩的過程，通常會造成其他數個黑猩猩死亡，捕捉的通常是母黑猩猩所照顧的年幼黑猩猩。

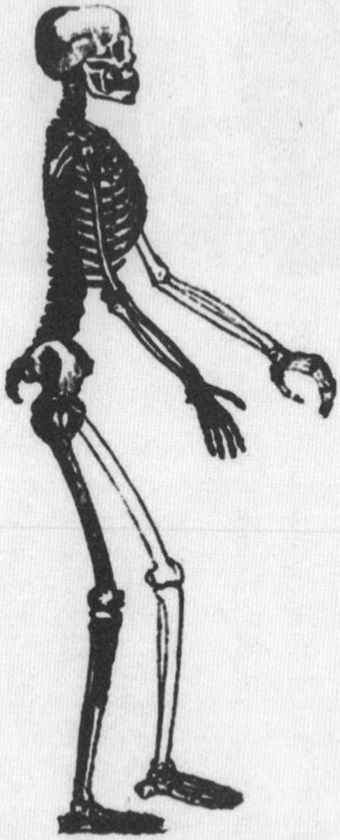

在黑猩猩身上進行醫學研究的理由當然是因為牠們的遺傳組成和人類非常相近。在黑猩猩身上證明治療方式有效，要比在其他動物身上證明要好得多。科學家現在正在研究圈養黑猩猩身上的某些疾病。對於自己孩子罹患了這些疾病的父母，我們能夠對他們說他們的孩子沒有比黑猩猩更為重要嗎？最後要做這樣困難抉擇的，不是科學家，而是公眾。我們對於人類和猿類的觀點，將會影響這些決定。

黑猩猩和人類之間的差異

那一・六%的差異是怎樣讓黑猩猩轉變成為人類的？到底是哪些基因改變了？要回答這個問題之前，我們需要先瞭解遺傳物質DNA發揮功能的方式。

人類的DNA中，有許多還不清楚功能。已知功能的那些DNA中，主要和蛋白質有關。蛋白質由胺基酸串聯而成。人類許多有功能的DNA負責蛋白質的製造，方法是這樣的：在DNA這樣小小分子上的序列，能夠指示出蛋白質上胺基酸的排列順序。有些蛋白質會組成毛髮和組織，有些蛋白質會成為酵素，負責身體裡面分子的分解和合成。

由單一蛋白質與單一基因（一段DNA）造成的遺傳特徵是最容易瞭解的。例如在血液中攜帶氧氣的蛋白質血紅素（hemoglobin）由兩種胺基酸鏈組成，每一種都由特定一種基因上的指令所合成。但是有些基因影響的特徵不只一個，例如泰—薩二氏症（Tay-Sachs）這種致死的遺傳疾病就有許多明顯的特徵：流口水、頭顱畸形、皮膚泛黃等。我們知道這是因為某種單一酵素發生了改變，而這種酵素來自泰—薩二氏症基因所指示製造，但是我們並不知道這樣的改變是如何造成疾病的那些特徵的。

科學家知道有許多能夠指示特定蛋白質合成的基因，也瞭解這些基因的功能，但是對於那些牽涉到複雜特徵的基因，就知道得很少了。這些複雜的特徵包括行為。那些人類的標誌，也就是讓人類之所以是人類的特徵，例如藝術、語言和攻擊性，不可能是由單一個基因所支配的。除此之外，人類的行為也受到家庭、文化、營養和每個人所處環境中其他因素的影響。在不同個人之間，基因造成的影響有多少，還是一個爭議不斷的問題；但是所有黑猩猩和所有人類之間所具備的行為差異，就牽涉到遺傳差異了。

例如人類會說話，但是黑猩猩不會，這一定和發聲構造（喉頭）和腦中的神經迴路有關。一頭由心理學家飼養、在人類家中和心理學家同齡女兒一起長大的黑猩猩，並無法學會說話與直立步行，但是小女孩學會了。人類生來會說話，毫無疑問是因為遺傳的設定。但是個別的人會說英語或是韓語，就和基因沒有關係了，這取決於小孩長大時所聽到的語言。

在接下來的四章中，會提到人類與黑猩猩之間的差異。我們不知道哪些片段的DNA負責了這些差異，但是我們可以明確地說，這些差異來自於那一．六％不同的基因。我們明確知道有幾個基因的確有很大的影響，泰—薩二氏症病患者和非患者之間的顯著差異，便是來自於一個發生了改變的酵素。

慈鯛是很常見的觀賞魚，牠們顯現出微小遺傳改變就能夠造成巨大的影響。非洲的維多利亞湖中約有兩百種慈鯛，全部都是由同一個物種在二十萬年中演化出來的。這些慈鯛在食物選擇上的差距就如同獅子和牛之間那麼大。有些慈鯛吃藻類，有些捕捉昆蟲，有些啃食其他魚類的鱗片，有些會咬碎螺類，有些會從母魚那裡奪走幼魚胚胎來吃。這些慈鯛彼此之間的遺傳差異還不到〇．五％。從咬碎螺類的慈鯛轉變成偷吃幼魚的慈鯛，所發生的遺傳變化，要比從猿類轉變成人類的還要少。

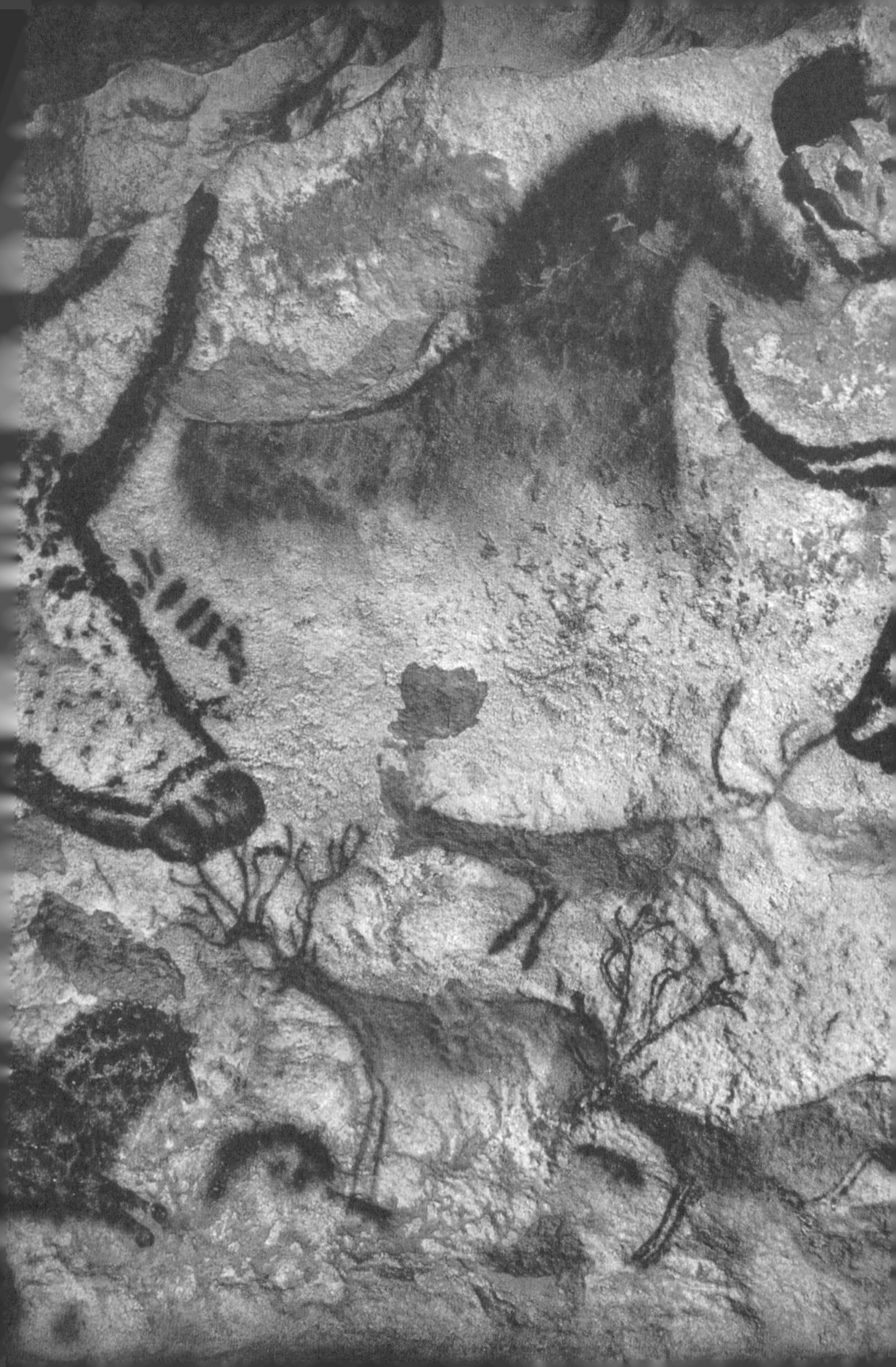

第2章

大躍進

數百萬年前，人類的演化譜系從猿類那邊分開後，在大部分的時間裡，人類的模樣只像是美化過的黑猩猩。六萬年前，尼安德塔人在歐洲西部居住，這個人類物種沒有多少藝術能力和進步。後來轉變突然發生，身體構造和現代人類相同的人類在歐洲出現了，他們帶來了藝術、樂器、貿易和進步。尼安德塔人很快就消失了。

如果要舉出一個時間點，在這個時候我們成為了真正的人類，那麼應該是六萬年前的「大躍進」（Great Leap Forward）。這次躍進可能是在非洲與中東之前一次躍進的成果。上次的躍進可能花費了數萬年。但是就算是數萬年，也只占了人類演化譜系的非常短暫的時間而已，還不到一％。

右頁圖：
1940年，四名青少年在洞窟冒險時，發現了位於法國南部拉斯科洞穴中的史前藝術。洞窟的牆上有一萬七千年前末次冰期（Late Ice Age）的人類所繪製的馬、牛、鹿以及其他動物奔馳的模樣在大躍進之後，我們只有幾萬年馴化牲畜、發展農業與冶金技術以及創造書寫文字。然後再前進一步，創造出文明的里程碑，例如蒙娜麗莎的畫像、貝多芬的交響曲、艾菲爾鐵塔、國際太空站，以及大規模毀滅性武器。

人類社會突飛猛進的原因是什麼？拖累尼安德塔人的因素又是什麼？他們最後的命運是如何？這兩個人類物種曾經遭遇過嗎？他們如何對待彼此？簡單來說，是什麼原因讓人類出現？為什麼就是我們這個譜系演化出智人，成為最後的人類？

成爲人類

地球上的生命在數十億年前出現，恐龍在六千五百萬年前滅絕，人類的祖先和黑猩猩的祖先在一千萬到六百萬年前才分開來演化。在生命的整個歷史中，人類歷史只占了一小部分。科幻影片中出現穴居人被恐龍追著跑的畫面，就只是科幻而已。

大猩猩、黑猩猩和人類的共同祖先居住在非洲，目前也只有非洲找得到大猩猩和黑猩猩。數百萬年前到最近之前，人類也只住在非洲。一開始，我們的祖先或許只能分類成另一種猿類，但是一連發生了三個變化，讓人類祖先朝著現代人類前進。

第一個變化發生在四百萬年前。當時遺留下來的化石顯示，我們的祖先在那個時候通常用兩隻腳直立步行，這和大猩猩與黑猩猩不同，牠們通常用四肢步行，偶爾才用後肢步行。當我們的祖先開始直立步行後，前肢就空下來，可以做其他事情，其中最重要的便是製造工具。

第二項重大變化大約在三百萬年前發生。所有的現代人類都屬於智人，但是在人類祖先到現代人類這個譜系流傳的時間中，有些時候出現了分支，至少有兩個種類同時存在。大約在三百萬年前，我們的支系出現兩個物種，一種是骨頭粗壯、兩側牙齒巨大的似猿人類，他們可能以粗糙的食物為食，我們稱他們為粗壯南猿（*Australopithecus robustus*）。另一種似猿人類顱骨和牙齒都比較小，吃的食物可能比較多樣，稱為非洲南猿（*Australopithecus africanus*）。

非洲南猿演化出腦比較大的巧人（*Homo habilis*），但是在數百萬年前，巧人不是唯一生存在非洲的人類譜系分支。現在有許多化石證據指出，當時也有數種不同的原始人類，同時居住在非洲。

讓我們的祖先比較像是人類而不是猿類的第三個改變，是經常使用石器。這個特徵很明顯也是起源於動物。擬鴷樹雀（woodpecker finch）、埃及禿鷲（Egyptian vulture）、海獺，還有其他一些動物也會利用樹枝或石頭捕捉或處理食物，不過沒有一個像我們如此依賴工具。

一般的黑猩猩也會使用工具，包括石器，但是不會多到棄置滿地。在二百五十萬年前，非洲東部地區有原始人類居住的地方，出現了許多很粗糙的石器。由於當時有數個原始人類物種，到底是哪一種物種製造了這些工具呢？最早的工具可能是由存活並且持續演化的原始人類所製造的。

席捲非洲

當年非洲有兩到三種原始人類，但是只有一種傳衍到現在，很明顯，其他的物種已經滅絕了。那麼，哪一種留下來成為我們的祖先呢？

贏家是骨骼比較纖細的巧人。到了一百七十萬年前，化石上的差異大到科學家可以給這個時候人類譜系上的成員新的名字：直立人（*Homo erectus*）。直立人的化石要比我上面提到的各種化石還要早發現，當時的科學家還不知道更早的原始人類也是直立步行的。粗壯南猿大約在一百二十萬年前滅絕，如果還有其他原始人類，也差不多是在這個時間消失。

粗壯南猿和其他原始人類為什麼消失？可能是他們競爭不過直立人，直立人吃肉也吃植物，使用工具，腦也比較大。直立人可能把其他近親殺了取肉來吃，把他們推到滅絕的境地。

直立人在非洲拓展，使得他們成為當時唯一的原始人類。大約在一百萬年前，他們開始拓展活動範圍，在中東和東亞都可以發現他們的石器和化石。直立人演化方向是朝著現代人類的：腦比較大、顱骨變得更為圓潤。大約到了五十萬年前，有些祖先看起來已經和我們十分相近，而不像是直立人，這時他們可以分類成為智人了，只不過顱骨比較厚，眉毛上緣的骨骼更為凸起。

五十萬年前的智人出現就是「大躍進」了嗎？並不是，這只是個雷聲大雨點小的事件。洞穴中的壁畫、房舍、弓箭等事物還要等數十萬年後才會出現。智人製造的石器和之前百萬年來直立人的石器幾乎一樣粗糙。早期智人大得多的腦，並沒有為生活帶來明顯的改變。人類文明的興起和我們基因的改變沒有直接的關聯。第三種猩猩要能夠繪製出「蒙娜麗莎的微笑」之前，還得需要一些重要的素質。

人類的族譜

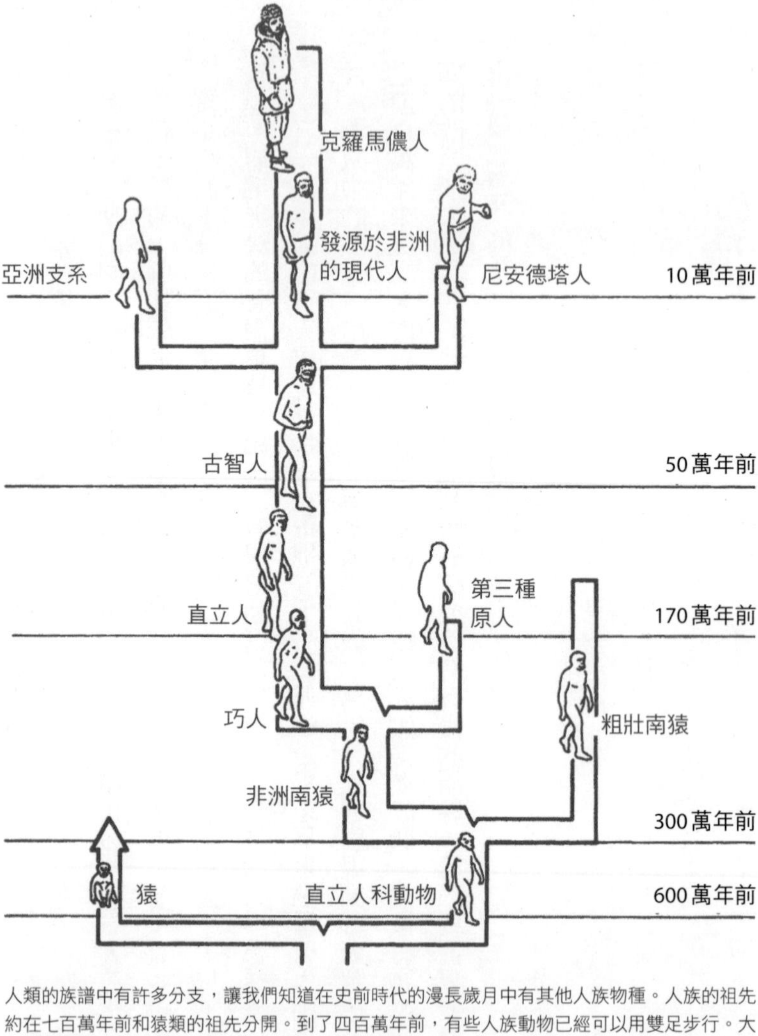

人類的族譜中有許多分支，讓我們知道在史前時代的漫長歲月中有其他人族物種。人族的祖先約在七百萬年前和猿類的祖先分開。到了四百萬年前，有些人族動物已經可以用雙足步行。大約三百萬年前，人族出現了兩個分支，一個是非洲南猿，另一個是粗壯南猿。非洲南猿後來有衍伸出數個分支。巧人這個分支的後代是直立人，之後是智人。（化石證據顯示非洲南猿的另一個分支生活在非洲，後來滅絕了，這個分支稱為「第三種人」〈Third Man〉）。智人又分成三支，一支在非洲成為身體結構和現代人類相同的人，現在全球的人類都是他們的後裔。另一個分支成為後來滅絕的尼安德塔人。第三個分支到了亞洲，科學家現在才剛開始拼湊這個支族的的歷史。

人類並非那麼厲害的狩獵者嗎？

在一百七十萬年前直立人出現到五十萬年前智人出現的這段時間，我們的祖先是怎麼過日子的？

這段期間的工具只有粗糙的石製品，形狀和大小都很多樣。考古學家利用這些形狀和大小的差異，給予石器名稱，例如手斧、砍刀等。但實際上這只是猜測而已。從各種不同形狀大小的石器上的痕跡顯示，這些工具用來切割肉、骨頭、皮革、木材與植物。這些工具作工粗糙，並沒有特別的用途，後來的石器才有各別特定的用途。

我們祖先利用這些工具在哪些食物上？這些食物是怎麼得到的呢？在一些書中，賦予我們祖先的一般印象便是「人類是狩獵者」。有些人類學家（研究人類社會的科學家）指出，原始人類為了要獵捕大型動物，所以得彼此合作，發展出語言和比較大的

腦，成為群體，分享食物。

不只西方作家和科學家誇大了狩獵的重要。我在新幾內亞時，和真正的獵人住在一起，這些人才剛脫離了石器時代的生活，他們圍在營火邊，大談狩獵好幾個小時。你可能會認為他們每天都大吃新鮮的袋鼠肉，除了狩獵之外幾乎什麼事情都不幹；但是當你逼問詳細內情時，大部分人都承認在他們一生當中也只不過捕獲幾次袋鼠而已。有天早上我和十幾個攜帶弓箭的人出獵，在經過一棵倒下的樹木時，他們高聲大叫，我還以為會有憤怒的野豬或是袋鼠要衝出來攻擊我們，便開始找能夠爬上去躲避的樹。

然後我聽到勝利的歡呼，兩位強壯的獵人從樹叢裡走出來，舉著獵物：兩隻幼小的鳥鶉，都還不會飛呢！那天的收穫只有一些青蛙和許多蘑菇。

我們的祖先當然有吃肉，這點毫無疑問，他們的工具在動物的骨

頭上留下刻痕，工具上也有從骨頭上把肉切下來所遺留的痕跡。但是他們狩獵的動物有多大？他們所吃的肉有多少是從早已死亡的動物屍體上割下來的？人類狩獵動物最早的確實證據出現在十萬年前。這個證據顯示人類那個時候還不是非常擅長狩獵，更早以前狩獵的技術當然更糟。

對於現代狩獵—採集族群的研究顯示，他們的武器要比早期智人精良得多，但是他們主要的熱量還是來自於女性採集回來的植物。有的時候男性會帶回來大型動物，做為重要的蛋白質來源，但是只有在北極的族群是以大型獵物當成主要的食物。

我懷疑狩獵並非是促使人類具有獨特大腦與社會的力量，我的想法是，在人類演化出完全現代的身體結構和具備現代人類的行為之前，大型獵物只占了日常飲食中的一小部分。人類歷史大部分的時間，我們並非強壯的狩獵者，而是靈巧的黑猩猩，使用石器來取得並處理食物與小型動物，偶爾才大嚼獵捕到的大型動物。

冰河時期的尼安德塔人

在大躍進快要出現的時候，至少有三群不同的人類，在地球上不同的區域居住。大躍進時期有一種最後真正的原始人類，被現代人類取代，這群著名的人類是尼安德塔人，他們居住的範圍從西歐往東延伸到俄羅斯南方、中東以及中亞。

最早的尼安德塔人顱骨年代是十三萬年前遺留下來的，不過有更古老的骨頭指向尼安德塔人的特徵。大多數的尼安德塔人骨骸是在七萬四千年後遺留下來的，而最後的尼安德塔人可能在將近六萬年前死亡。這表示尼安德塔人生活在冰河時期籠罩下的歐洲與亞洲，應該能夠適應寒冷的環境，但是適應仍有限度。他們無法遠過英國南部、德國北部，以及位於中亞的裏海。之後首度進入西伯利亞和北極的人類是現代智人。

尼安德塔人頭部的形狀和我們還是有很大的不同，如果他們穿上了西裝或是名牌服飾，走在紐約或倫敦的大街上，依然會引人注意。他們眼眶上緣的骨頭凸出，鼻梁、下顎和牙齒也是。他們的額頭低而且往後傾，也沒有下巴頦。不過他們的腦比我們大了一〇%。他們肩膀和脖子部位的肌肉粗壯，手臂和腿部的骨骼也比我們粗。他們手掌的力量比我們強，和他們握手可能真的會讓手骨碎裂。

除了骨頭之外，我們對於尼安德塔人的資料還來自於他們遺留的石器。尼安德塔人的石器就像早期人類的石器，只是造型簡單的手持石頭，並沒有加上其他零件，例如把手之類的。這種石器難以用特別的用途加以分門別類。有些石刀毫無疑問是用來製造木製工具，但是幾乎沒有這樣的木質工具留下來，唯一的例外是一柄長約兩公尺半的木矛，這根矛是在德國發現的，它插在一種已經絕跡的大象肋骨之間。雖然有這個狩獵成功的例子，但是尼安德塔人應該不是很擅長狩獵，他們的數量少；在此同時，居住在非洲、身體構造和現代人類相同的人群，也不是厲害的獵人。

尼安德塔人一定有打造對抗寒冷天候的庇護所，但是這些庇護所應該很粗略，遺留下來的只有一堆石頭和用來固定木頭支柱的洞。相較之下，後來克羅馬儂人的房舍遺跡就精緻多了。尼安德塔人應該也有穿皮毛，但是他們沒有針，無法縫製合身的衣物。他們也沒有船隻，無法進行長距離貿易，可能也不會從事藝術。

總而言之，尼安德塔人看來缺乏「創造發明新事物」這個最重要的人類特質。能夠知道這一點，是因為他們在不同時間和地點留下的工具，都缺乏變化。六萬年前尼安德塔人在歐洲使用的工具，和十萬年前在中東使用的看起來很相近。尼安德塔人的腦雖然大，但就是少了些什麼。

還是有一些特徵讓尼安德塔人算得上人類。他們是第一個有明顯證據指出經常使用火的人類。保存完好的尼安德塔人遺址中，會有一小塊區域中有灰燼和木炭，是簡單火堆的遺跡。另一個特徵是他們是第一個有埋葬習俗的人類，不過這方面的證據還不是非常明確。

我們知道尼安德塔人確實會照顧生病和年長的同伴。大部分年長個體留下的骨頭上有著嚴重身體損傷的跡象，例如萎縮的手臂、缺失的牙齒，以及沒有好好癒合的骨折。要有年輕的尼安德塔人照顧，有這些病況的年長者才能夠存活下來。這樣的照顧，讓我們對末次冰期中這些特別生物有一些親近感。他們幾乎具備了人類的外型，但是在精神上不全然是真正的人類。

尼安德塔人和我們屬於同一個物種嗎？這要看現代人類是否能夠和尼安德塔人交配並且生下孩子，以及是否真的發生過。接下來我們將會看到，在六萬年前的大躍進時期，真的有這樣的機會出現。

另一群人類

在五萬年前到十萬年前，尼安德塔人只是居住在舊大陸（非洲和歐亞大陸）的三群人類之一。有一群人類在亞洲東部生活，這個地區出土的化石顯示，這群人和尼安德塔人及現代人類都不相同，但是我們現在發掘出的骨頭還不足以詳細地描述這群人。

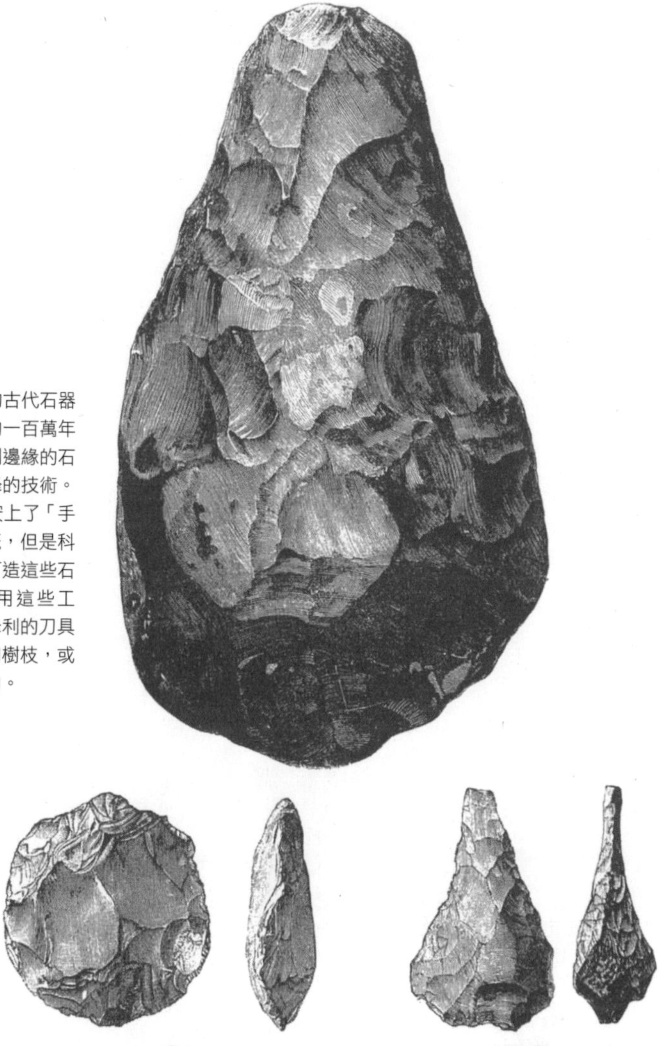

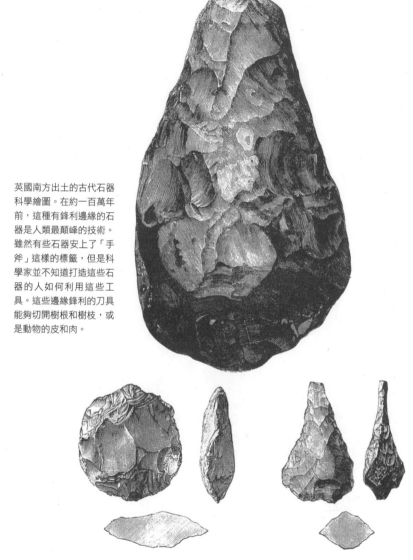

英國南方出土的古代石器科學繪圖。在約一百萬年前，這種有鋒利邊緣的石器是人類最顛峰的技術。雖然有些石器安上了「手斧」這樣的標籤，但是科學家並不知道打造這些石器的人如何利用這些工具。這些邊緣鋒利的刀具能夠切開樹根和樹枝，或是動物的皮和肉。

我們現在對於十萬年前在非洲生活的人類比較瞭解，他們有些頭骨和我們的幾乎相同，不過這些具備現代人類外貌的人類所使用的石器，則接近那些沒有現代外貌的尼安德塔人製造的石器。這些中石器時代的非洲人還不會製造弓箭、漁網、魚鉤、藝術品，以及從事發明。他們骨骼構造幾乎和現代人相同，我們推測基因應該也是，但還沒有出現現代人類的行為。

中石器時代非洲人所住過的洞穴，留下了可靠的證據，讓我們首度瞭解這些人到底吃些什麼。在海岸洞穴中的遺物指出他們吃海豹、企鵝和蝦蟹貝類。他們也會獵捕中等大小的動物，特別是伊蘭羚羊（eland）。由於各種年紀的伊蘭羚羊都遭到獵殺，那些獵人可能是驅趕整群羚羊，讓牠們墜落懸崖而死亡的。在食物殘骸中，沒有大象、犀牛這類較危險獵物的骨頭，雖然有水牛的骨頭，但是這些骨頭來自小牛和老牛。中石器時代的人類會獵殺大型動物，但是那是稀罕的事件。我認為，他們主要的食物是小型動物和植物。

五萬年前到十萬年前，地球上有三群人類：居住在歐洲和亞洲西部的尼安德塔人、外貌愈來愈像現代人類的非洲人，以及住在亞洲東部的第三群人。當大躍進的舞臺已經準備好，哪一群人能站上舞臺呢？

現代人類的興起

突然興起的證據在法國與西班牙最為明顯。大約在六萬年前，在尼安德塔人居住此地之前，就有現代人類出現了，這些人通常稱為克羅馬儂人，因為他們的遺骸最早是在法國的克羅馬儂地區發現的，他們的身體結構和我們很相近。

如果克羅馬儂人穿上現代的服裝，在巴黎的街頭漫步，在人群中可一點都不顯眼。考古學家對於他們工具的興趣和骨頭的興趣是一樣高的。他們的工具指出，克羅馬儂人的現代人外貌終於和現代人的發明能力合而為一了。這些末次冰期的人類能夠製造各式各樣的工具，有明確的用途，例如針、魚鉤、缽與杵、具備倒刺的魚叉、弓箭等。用骨頭和鹿角為原料製造的工具也是首次出現。他們也會把各組件結合起來，製造複雜的工具，例如在斧頭上加握柄。克羅馬儂人能夠從大的石塊上剝製薄的石片，做成切割工具，因此他們用同樣分量的材料所製造出的石器數量，是尼安德塔人的十倍。

末次冰期的遺址也比尼安德塔人和中石器時代非洲人留下來的多，當時這群人的數量應該要比其他兩群人來得多，這意味著那些末次冰期的人類更擅長取得食物。事實上，他們專門狩獵大型動物。

許多熬過之前數個冰期的大型動物，在末次冰期結束之時，也滅絕了，可能是人類狩獵者發展出來的新技術把牠們消滅殆盡的。在第十四章與第十五章中，我們會詳細討論這個可能性。

新的技術也讓人類能夠占據新的環境，例如澳洲、俄羅斯北部和西伯利亞。在歐洲那時已經有長距離貿易活動。現代的考古學家發現了高品質礦石，像是黑曜石和燧石，出土位置距離開採的石場有幾百公里遠。琥珀是樹脂固化之後形成的寶石，在歐洲北部波羅地海南岸產出的琥珀，出現在歐洲南部。地中海的貝殼出現在法國、西班牙和烏克蘭的內陸地區。

末次冰期的人類會交易飾品材料，顯示他們能夠欣賞藝術以及具有美感，這與克羅馬儂人最令人讚嘆的成就有關：藝術成就。他們會用各色顏料在洞穴的牆上繪製現在已經滅絕的動物，此外也會打造小型雕像、首飾，還有樂器，例如笛子和響板。

這些工具與藝術的進展不是同時出現的，各種發明在不同的時間與地點出現，例如珠子和垂飾在洞穴壁畫之前出現。只有在法國的人類才會在洞穴牆壁上繪製披毛犀（woolly rhino），只有在烏克蘭的人才會用長毛象骨頭搭建房舍。這些隨著時間與地點變化的文化，顯然與尼安德塔人那種固定又共通的文化是完全不同的。這種變化代表了讓人類文明興起的最重要因素：創新能力。

尼安德塔人後來怎麼樣了？

尼安德塔人演化成歐洲的克羅馬儂人嗎？不太可能。距離現代最近的尼安德塔人骨頭是將近六萬年前遺留下來的，那個樣貌還完全是尼安德塔人的樣子。那時歐洲最早出現的克羅馬儂人，已經完全是現代人類的樣貌了。現代人類早了幾萬年就已經在非洲與中東生活，因此現代人類應該是入侵歐洲，而不是在歐洲演化出來的。

入侵的克羅馬儂人和歐洲當地的尼安德塔人遭遇之後，發生了什麼事？我們能夠確定的只有最後的結果：在很短暫的時間之內，就沒有尼安德塔人了。

很明顯，克羅馬儂人抵達之後，因為某種方式讓尼安德塔人滅絕了。我猜想，歐洲在大躍進時期發生的事情，現代歷史中也發生過許多次。當人數多又挾著高科技的群體，侵入了人數較少而且技術落後群體所居住的土地，就會發生同樣的事情。

例如歐洲殖民者入侵北美洲時，大部分北美洲的原住民死於入侵者帶來的疾病，剩下來沒有死的人，大多被殺死或是被趕出原來居住的土地。有些殘存者採用了歐洲人的技術（馬匹與槍枝）抵抗了一陣子，其他人都被逼到歐洲人不想要的土地上，或是與歐洲人通婚。

大平原地區的印地安人曾經使用馬匹與槍枝抵抗歐洲人，有些尼安德塔人也向克羅馬儂人學習技術，然後抵抗一陣子。但是通婚和生育呢？目前沒有任何遺留下來的骨骸證明有尼安德塔人與克羅馬儂人的混血後代存在。如果尼安德塔人的行為如我想得那樣的原始，尼安德塔人的外貌與克羅馬儂人的差異如骨架所呈現的那麼分明，那麼兩群人可能對彼此婚配沒有什麼興趣。我認為這應該很少發生。

然而我們知道這樣的事情至少曾在一個區域中短暫的發生。科學家最近重建了尼安德塔人的DNA，並且和人類的DNA比較，結果顯示當現代人類開始在中東居住的時候，有些和在當地居住的尼安德塔人混血了。現在所有的人類體內都有一些來自尼安德塔人的遺傳成分，大約占了所有DNA的一%。在這一小段時期的混血之後，沒有其他證據指出現代人類從中東進入歐洲以後，還繼續和尼安德塔人混血了。

許多明顯的證據指出，大躍進是在歐洲西部開始的，但是現代人類取代尼安德塔人是更早一些在歐洲東部開始的。大約在六萬年前到九萬年前，尼安德塔人與現代人在中東地區活動的區域發生過彼此消長的情況，這個過程大約持續了三萬年。

首次邁出大步

真正的大躍進是從非洲開始的。那些身體構造和現代人類相同的人大約在十萬年前出現，最初他們使用的工具和尼安德塔人相同，並沒有超越尼安德塔人的優勢。但是大約在六萬年前，他們和現代人類相同的身體上，發生了一些神奇的行為變化，這些變化使得具備創新能力、身體結構和現代人類完全相同的人群散播到中東、歐洲和亞洲，取代了這些地方原有的人類。

二百萬年前，數個原始人類物種在非洲共同居住，後來只有一種席捲全洲。在過去六萬年，人類群體中也發生過類似的狀況。目前活著的人類，全都是那次全面代換優勝者的後裔。最後我們想要知道的是，讓我們祖先獲勝的神奇改變到底是什麼？

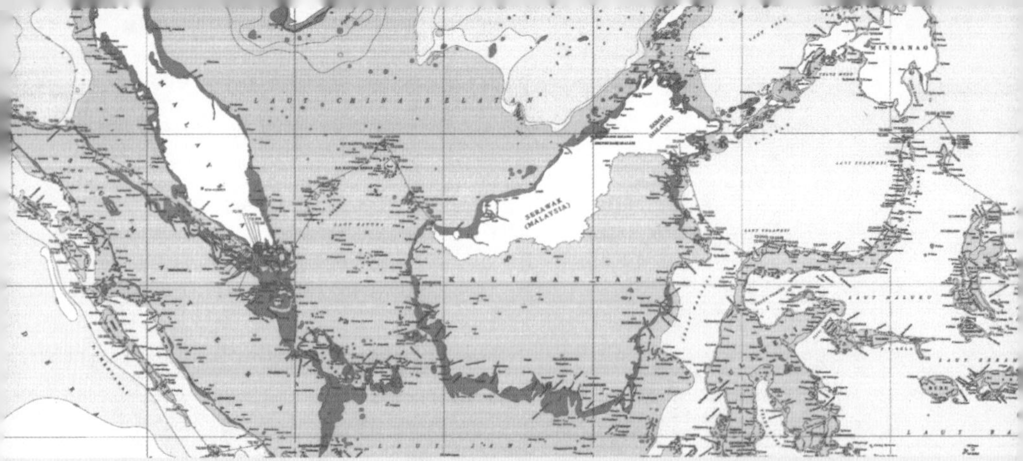

弗洛瑞斯島上的矮人類

關於人類起源的另一個令人震驚的發現，在二〇〇四年出現了。研究人員在東南亞印尼的弗洛瑞斯島上，挖掘出小型原始人類的化石。

弗洛瑞斯在生物學家之間很有名，全世界最大的蜥蜴科摩多巨蜥棲息在那裏。島上之前還有矮象（dwarf elephant），這種大象現在已經滅絕了。最近科學家發現弗洛瑞斯島上之前也有人類，他們身高不到一公尺，腦部大小只有現代人類的四分之一，大約和黑猩猩一樣。

科學家還在爭辯這些化石的意義。有些科學家相信弗洛瑞斯島上的矮人和直立人有親緣關

係。直立人是人類的祖先，現在已經滅絕了。在現代人類抵達印尼之前，這些和直立人血緣相近的人類在島上生活了數萬年。

另外有些科學家認為，這些化石可能是現代人類因為疾病或遺傳變異矮化之後造成的，所以並不是其他原始物種。我的看法是，這些化石的確代表了原始人類，他們在抵達了弗洛瑞斯島之後演化得比較矮小，就像是矮象那樣。然後在現代人類抵達後就迅速遭到滅絕。我們還需要更多發現才能確定誰是誰非，但是弗洛瑞斯島上的化石展現出生活在科學進展快速的時代是多麼刺激。

小小的改變、大大的一步

促成大躍進的因素目前還是考古學的謎團，沒有圓滿的答案。這個尚未發現的因素不會呈現在化石骨頭上，這可能只是我們一%的DNA上十分之一的改變。這樣微小的改變要怎樣才能造成如此巨大的影響？

我和一些科學家都思索這個問題，我只能想到一個好答案：語言。結構或生理變化使得我們能夠說複雜的語言。要瞭解一個變化是怎樣快速激發人類的發明能力，可以看看猿類使用語言的方式。

黑猩猩、長臂猿，甚至包括猴子，都有以符號進行溝通的能力，也就是用簡單圖像或是聲音代表其他事物，例如蘋果的圖樣代表水果，或是用特別的尖叫聲代表「有蛇」。在第六章中我會說明，猿類能夠使用手語、塑膠符號以及電腦來進行溝通，有些甚至能夠精通數百個「詞彙」符號。野生的黑臉綠猴（vervet）能運用天然的符號溝通，用不同且有細微差異的吼聲代表「花豹」、「老鷹」和「蛇」。如果這些靈長類動物能夠用符號溝通，那麼他們為什麼沒有繼續下去，發展出他們獨特的天然語言？

這個問題的答案應該和喉頭、舌頭和其他讓我們能夠仔細調整發音的肌肉有關。我們能夠說那麼多話，仰賴的是許多構造與肌肉的完美運作。如果我們像猿類那樣，只能發出幾種子音和母音，那麼能夠使用的詞彙一定大幅減少。讓我們成為真正現代人類的未知因素，可能是原始人類的聲道（vocal tract）發生了一些改變，這些改變讓我們能夠更仔細地控制發聲，讓聲音產生更多變化。細微的肌肉改變和軟組織改變，不會出現在化石骨骼上。

細微的結構改變所增進的語言能力，能夠產生巨大的行為改變，這很容易瞭解。舉例來說，「到前面第四顆樹正右方，把公羚羊趕到紅色大石頭那裡，我會等著用矛刺牠。」利用語言訊息只要幾秒鐘就能夠溝通完畢。沒有語言，兩個原始人類就無法想出組織狩獵行動和改善工具的方法。沒有語言，一個原始人類也很難想出改善工具的方法。

我並不認為當改變喉頭和舌頭的突變出現之後，大躍進緊接著發生了。就算是具備了正確的身體結構，人類也要花數千年發展出我們現在所知道的語言結構。但也是「消失的因素」讓我們能夠仔細控制發聲的變化，發明能力才會跟著出現。語言讓人類更為自由。

在大躍進之前，人類的文化在數百萬年來前進的速度像是蝸牛那麼緩慢，這種速度受到遺傳變異的支配。只有突變出現，才會讓我們的文化和行為產生改變。

在大躍進之後，文化的發展不再需要依靠遺傳變異，人們能夠以新的方式思考、創新、溝通，能夠把概念和知識傳遞給其他的群體與新的世代。雖然我們的身體在最近六萬年來幾乎沒有改變，但人類在大躍進之後文化演進的程度，要超過之前數百萬年來的累積。

PART TWO

奇特的生命週期

許多人類文化中有多配偶制。這張照片大約是在1900年拍攝的，裡面的人物是約瑟夫．史密斯（Joseph Smith）和他的大家庭，包括了他孩子的配偶。他是耶穌基督後期聖徒教會（Church of Jesus Christ of Latter—Day Saints，也就是摩門教）的創始者。他有好幾個妻子，後來摩門教會禁止了這種作為。

在我們能夠發展出語言和藝術之前，必須演化出比較大的腦和直立的姿勢，不過光是這樣子還不夠。人類的骨架並不能保證人類文明能夠誕生。人類文明的興起，也需要我們生命週期發生重大的改變。

每個物種都有屬於自己的生命週期，生物學家稱之為「生活史」(life cycle)。生活史中包含了各種特質，例如每窩或是每胎生下的後代數量、父親或母親對於照顧後代付出的程度、成年個體的社會關係、雄性個體和雌性個體選擇交配對象的方式，以及個體一般的壽命長度。

我們通常都把人類生活史中的種種特質看成是理所當然的事情，但是從動物的標準來看，人類的生活史非常怪異，這裡只舉出一些例子來說明：絕大多數的動物每胎或是每窩都不只有一個後代；絕大多數動物的父親都不會負責養育後代；只有少數動物能活到七十年以上，但這對人類生命長度來說是正常的事情。

這些特質，猿類也有一些。猿類往往每胎只產下一個幼兒，這和貓、狗、鳥和金魚都不同，而且猿類也可以活幾十年。但是人類有些地方和猿類不同。年幼的黑猩猩由母親照顧，而人類絕大部分的父親都和母親一樣，密切參與照顧小孩的工作。人類的嬰兒要花很長一段時間接受餵養、訓練，這段時期要受到保護；而猿類的母親不需要投資那麼多的時間和精力在這些事情上。人類的父親希望自己的小孩能夠長大，通常會幫助伴侶照顧小孩。

人類的生活史中還有一些特質和猿類不同。人類女性在更年期後還能夠活許多年，雖然她們已無法生育，這種情況在其他哺乳類動物中還沒有見過。人類的性生活也非比尋常。猿類在公開場合進行交配，其他群體中的成員都看得到，而且只有在雌性猿類準備好要生育的時候才會交配，但是人類不是。人類的性生活是私密的，同時不只是為了生育而從事性行為。

人類的社會行為和養育後代的行為都受到了骨架改變的影響，其他生活史中的新特徵也是，不過生活史的改變不像骨骼那樣會成為化石保留下來。我們知道人類生活史的特質有些來自於遺傳。人類和黑猩猩不同的那一．六%遺傳差異中，具有功能的部分可能對人類生活史有重大的影響。

接下來的三章，會介紹人類生活史中三個特殊的面向。首先說明人類的社會組織與性生活；接下來會說明種族差異，這種差異指的是原本生活在地球上不同區域的人群有著明顯可見的差異，我認為這種差異來自於我們人類選擇伴侶的方式。最後，我想要提出一個問題：為何人類年老之後才死亡。我們認為年老本來就屬於生活史中的一部分：每個人都會衰老，然後死亡。但是人類為什麼會衰老？我們的身體不是擁有傑出的自我修復能力嗎？

在動物的世界中，沒有什麼白吃的午餐，一切都需要「等價交換」（trade-off），我們必須要好好思索這個現象，在本書中沒有比這幾章更適合說明「等價交換」了。每件事情不止牽涉到利益，還需要付出成本，這些成本往往是能夠用在其他地方的空間、時間或能量。在演化生物學的觀念中，所謂的「成功」是能夠留下更多後代。我們在第五章中會看到，這種對於成功的見解能夠漂亮地解釋為什麼對人類來說，花在能夠讓自身壽命更長的投資，其實並沒有那麼划算。這種「等價交換」概念也能夠解釋更年期之謎：停止生育能力其實能夠讓女性所生下的小孩存活機會大為提升。

第3章

人類的性生活

人類的生活史中包含了性生活和家庭生活，不過這兩個主題一直很難研究。原因之一在於牽涉到人類性行為的內容，能夠使用的科學研究方式受到了限制。對於飲食與刷牙習慣，我們能夠進行有對照組的實驗，但是對於性行為沒有辦法比照辦理。另一個原因在於這個主題對於有些人而言，可能太敏感了。科學家到了近代才開始嚴肅的研究人類的性生活，但是很多人依然難以用科學態度看待這個主題。

大部分的人認為和親愛的人之間的關係，有很重大的意義，不論這個關係是親子之間的家庭關係，或是戀人之間的性關係，都屬於個人隱私的範疇。用科學家的眼光在顯微鏡下仔細檢視這些關係的細節，可以說是冷血，甚至是嚴酷的。還有些人覺得把自己生活中的人際互動，拿來和猿類育幼及鳥類求愛習性比較，是一種冒犯的行為。

在讀這幾章的時候，有兩點要牢記在心。首先，我們是由演化生物學這個特殊的角度研究人類生活史，但是人類種種行為的原因，不一定非得都要由演化生物學解釋。演化生物學只是幫助我們瞭解自己的眾多科學工具之一。其次，我們關注的是人類這個物種，而不是特別的個案。

每條規則都有許多例外，許多人類的行為不是用科學能夠預測的。我們著重的是普遍的趨勢，而不是個人的行為。

雖然研究人類的性生活困難重重，我們還是開始逐漸瞭解性生活和人類其他特質相互影響的方式，這些特質包括了使用工具、大的腦部，以及養育後代。我們從「只是大型哺乳動物」轉變成「獨特的人類」時，改變的不只有骨骼頭顱，家庭生活和性生活也隨著改變了。

食物與家庭生活

要瞭解人類的性生活是如何變成現在這個樣子，我們得先瞭解人類飲食與社會的演化過程。人類類似猿類的祖先是吃素的，在七百萬年前人類分支演化剛開始時，人類祖先吃的也是植物，牙齒和爪子長得像猿類，而不是像老虎。不過雖然人類祖先沒有利牙和爪子，卻靠著大的腦子成功狩獵。人類祖先使用工具，並且成群結隊狩獵，他們通常會彼此分享食物，也會使用工具挖掘根莖類，收集漿果。所以就算是吃素，也需要比較大的腦。

人類祖先的小孩要花好幾年才能取得足夠的知識和經驗，有效的採集食物與狩獵。我們現在也需要經過多年求學，才能夠成為農夫或是程式設計師。人類在斷奶之後，便不再飲用母乳，開始吃一般食物。但是在斷奶之後許多年中，還是懵懵懂懂，而且體型弱小，無法好好照顧自己。人類小孩需要靠父母提供食物，我們覺得這很自然，但是在靈長類中，這其實是特例。猿類在斷奶之後，就馬上能夠自己找食物吃。

人類幼兒在收集食物這方面表現差勁，主要有兩個原因。第一是身體的結構。製造與使用得到食物的工具，需要靈巧的手指活動，兒童要花好幾年才能學到。我的兒子到了四歲都無法自己綁鞋帶。狩獵與採集群體中，四歲大的兒童也無法磨尖石斧或是打造捕魚用的獨木舟，他們無法採集與獵捕食物。

另一個原因與心智有關。人類可以吃的食物種類很多，採集食物的技術複雜，所以比起其他動物，我們尋找食物時更仰賴腦力。和我一起工作的新幾內亞人，他們周圍地區有上千種不同的植物和動物，都有不同的名字。對於每個物種，他們知道到哪裡可找到、是否能吃或是加以利用，以及捕捉與採集的方式。這些知識要花許多年才能學完。

剛斷奶的幼兒不但需要成年人提供食物，也需要受成年人教育十幾二十年。這些林林總總的人類特徵，有些物種也具備了，例如年輕的獅子要從雙親那裡學習狩獵技巧。

黑猩猩和人類一樣，食物種類繁多，會使用許多技術來取得食物。黑猩猩會幫助小孩找尋食物，一般黑猩猩還會利用工具，巴諾布猿就不會。但是以人類來說，生存所需要的技巧，以及雙親的負擔，都要比獅子或黑猩猩大得多了。

養育的負擔加重，意味著父親和母親一樣要加入養育的工作，小孩的生存機會才能提高。紅毛猩猩的父親不會照顧下一代；大猩猩、黑猩猩和長臂猿的父親會分擔一些工作，有的時候會保護小孩。人類這種以採集與狩獵為生的物種，父親除了提供食物之外，也負擔許多教育工作。我們複雜的採集食物習性，需要一個雄性和雌性彼此關係長久的社會，才能夠撫養小孩長大，否則小孩將不容易存活，那麼父親的基因就不容易遺傳下去了。

符合我們需求的社會系統

在紅毛猩猩的社會系統中，雄性和雌性伴侶交配之後，馬上就離開了。人類不能這樣。黑猩猩的系統一樣不適用。在黑猩猩中，能夠受精與懷孕的雌性黑猩猩會在一段短暫時間中，和數個成年的雄性黑猩猩交配，這使得雄性黑猩猩不知道在群體中幼小黑猩猩的

右頁圖：
智人這個物種的家庭生活是因為下面這個簡單的事實而建立起來的：人類的小孩從出生後一段很長的時間裡，都無法自己照顧自己。他們不只需要雙親的照顧，才能得到食物、居所和保護，同時還需要學習在社會生存所需要的技術。

父親到底是誰。這對黑猩猩父親來說算不上嚴重的損失，因為牠們也沒有對這些幼小的黑猩猩做出什麼貢獻。人類父親在照顧自己小孩上就花費了許多時間和能量。從演化的角度來看，雄性人類比較需要確信小孩是自己的血脈，不然的話，他對孩子的照顧，可能只是幫助其他雄性的基因傳遞下去而已。

如果人類像是長臂猿那樣，在廣大的土地中每一對都分散得很開，雌性幾乎沒有機會遇到其他雄性，那麼對於父親地位便不需要有什麼懷疑。不過，大部分的人類族群都是由成年群體所組成。狩獵和採集食物往往需要男性、女性或是兩方的群策群力，團體也有助於對抗掠食者和敵人，特別是敵人也是人類的時候。

為了達成確保父親地位以及團體生活的需求，人類演化出我們自認為正常的社會系統，但是就猿類來看，這樣的系統其實很奇特。成年的紅毛猩猩獨自生活，成年的長臂猿通常是雌雄一對獨自生活。大猩猩的群體通常由數個成年雌性和一個主宰後宮的成年雄性組成。一般黑猩猩的社群是由多個分散的雌性加上一個雄性集團組成，其中每個個體都有多個交配伴侶。矮黑猩猩（巴諾布猿）的群體由多個雌雄個體組成，有雜交行為，也就是每個個體有多個性伴侶。

人類的社會和這些靈長類的社會都不同，我們的飲食習慣和社會系統比較接近獅子或是狼的社會。人類的群體由許多成年雄性和雌性構成，雄性與雌性互相配對。在獅子的群體中，任何雄性都可能和任何雌性交配，所以無法確認幼獅的父親是誰。動物世界中，社會結構和人類最接近的是海鳥的大型群體，例如海鷗和企鵝，牠們也是雌雄兩兩配對的。

現代的政治體制中，大部分實行的是單偶制（monogamous），也就是每個人都只有一個伴侶，不過這是官方制訂的法律。在狩獵—採集群體中，比較容易看到人類在這數百萬年中的生活形態。在這類群體中，大部分的男性只能負擔得起一個家庭，但是一些有權勢的男性能夠有數個妻子。直到農業興起，中央集權政府出現，統治者才有能力建立起龐大的後宮，以徵收來的稅金供養自己的子女。

男性為何比女性高大？

平均來說，成年男性要比同年紀的成年女性高大一些。雖然有許多男性比女性瘦小，但是在一個族群中，男性的體重通常比女性多二〇%，身高多八%。為什麼會這樣？答案就藏在我們的社會組織與性生活形態裡。

在典型的狩獵—採集社會中，大多數男性只有一個伴侶，但是有少數男性有多個妻子，這樣的狀況是「輕微的」多偶制（mildly polygynous）。由於在農業興起以前，人類是以採集與狩獵為生的動物，這種特殊的社會組成方式，能夠說明為何男性比女性高大。

在多偶制的哺乳動物中，雄性和雌性體型的平均差異如果愈大，那麼雄性交配的雌性就愈多，而且那些雌性就只和這一個雄性交配。換句話說，如果這個雄性的後宮成員愈多，兩性個體之間體型的差距就愈大。在後宮最大的物種中，雄性的體型要比雌性大上許多。在動物世界中，有三個例子可以說明這種狀況。

長臂猿是單偶制，每個個體只有一個伴侶，雄性長臂猿沒有開後宮的，雄性與雌性的體型平均來說沒有差異。雄性的大猩猩則不同，通常後宮中有三到六個雌性，這反應到兩種性別之間的體型差異：雄性的體重是雌性的兩倍。南象鼻海豹（southern elephant seal）的後宮有高達四十八個成員，如此龐大的後宮，你可能會猜想兩性之間體型的差異會更巨大，事實上你猜對了，雄性南象鼻海豹的體重高達三公噸，雌性就只有約三百一十八公斤。

原因是這樣的。在單偶制的物種中，每個雄性都有機會贏得一個雌性。但在南象鼻海豹這樣極端多偶制的物種中，一些強大的雄性把所有的雌性都收到自己的後宮中，這樣許多雄性都沒有伴侶。後宮愈大，雄性之間的競爭便愈激烈，那麼雄性的體型愈大就

左頁圖：
在南極喬治王島（King George Island）不怎麼溫暖和煦的海灘上，一隻雄性南象鼻海豹被後宮中的雌性南象鼻海豹包圍著，在太陽下取暖，體型差異明顯可見。

愈占優勢，這樣才容易打贏對手。

人類中男性的體型比女性稍大一點，也只有輕微的多配偶制。不過在人類演化的某個點之後，雄性的智能和性格開始要比體型重要，身材高大的男性不一定會比瘦小的男性有更多妻子。

人類特殊的性生活

如果以其他的哺乳動物做為標準，那麼人類的性行為算得上怪異。就拿一件事情來說，絕大多數哺乳類動物在絕大部分的時間中，都不是處於性致昂然的狀態，牠們只有在雌性進入發情期的時候才交配。發情期屬於生活史的一部分，雌性哺乳動物在發情期時，卵巢會準備開始排卵，在這段期間，她能夠接受精子而懷孕。

雌性哺乳動物每隔一段時間會進入發情期，間隔的長短會因為物種不同而有差異，從間隔幾個星期便進入發情期，到一年只有幾次，有些物種的雌性甚至一年只有一次發情期。只有在發情期中，她們才願意和雄性交配。她們會用行為表明自己進入發情期，有的還會在外貌上出現變化。

人類的性週期就截然不同了。性成熟的人類女性就如同男性，可以選擇要進行性行為的時間，而不是限制在短暫的發情期中。女性每個月排卵一次，但是並不會像其他雌性靈長類動物那樣，在行為或是外貌上改變，好告知雄性自己現在可以受孕。實際上，人類的排卵週期隱蔽得很好，不論是女性或男性都不清楚，要到了一九三〇年代，醫生才開始瞭解這整個週期。

隱蔽排卵再加上女性想要從事性行為就可以進行，不受限於每個月適合受孕的那段時間，這意味著人類大部分的性交都是在錯誤的時間進行，沒有能夠造成受孕。不論人類性行為的主要生物功能是什麼，應該都不是生小孩。沒有其他物種的性行為和受孕不相干到這種程度。

對動物來說，性交是奢侈又危險的行為。在性交的時候，動物得消耗熱量，並且錯失得到食物的機會，同時很容易受到獵食者的危害，或是競爭對手會來占領領地。有的時候，性行為的時間非常短暫，只足以完成受精。

如果把人類性行為的目的當成是受精，那麼從演化的角度來看，那真是完全失敗。人類的性行為的確也能夠讓女性懷孕，但是消耗了太多的時間和能量，因為人類在不可能受精的時期，也頻繁從事性行為。如果人類發情週期和其他的哺乳動物一樣（包括親緣關係和人類接近的靈長類），那麼人類以採集與狩獵為生的祖先就可以把這些浪費掉的時間用來獵殺更多乳齒象，收集更多果子了。

人類性行為的演化中，最受激烈爭辯的問題便是人類是怎麼變成這樣隱蔽排卵的？在不恰當的時間性交到底有什麼好處？當然，性交很愉快，但這是演化讓性交有愉快的感覺。如果人類這個物種沒有從這樣的性行為得到一些演化上的好處，那麼現在占據世界的應該是演化成不會享受性行為的突變人類。

和隱蔽排卵密切相關的問題是隱蔽性交。其他群體中生活的動物，不論是只有單一伴侶或是多個伴侶，都是在群體成員眾目睽睽之下進行性交的，為什麼人類這麼特殊，偏好在私密的環境中從事性行為？

有幾個理論解釋了隱蔽排卵和隱蔽性交的起源，不過生物學家目前還在爭論哪一個比較有道理。從演化的觀點來看，這是因為遠古時候，某些因素或是數種因素總和起來的效果，讓我們演化出這些特徵，如果那些因素不再讓這些特徵維持活躍，那麼這些特徵可能會消失。讓人類現在隱蔽排卵和隱蔽性交的因素，不一定得要和最早促成隱蔽排卵和隱蔽性交的因素相同。不過，對於人類獨特性生活，生物學家提出了三種解釋，我認為到現在都依然在發揮作用。

下面是這三種解釋：

＊隱蔽排卵和隱蔽性交是因為能夠減少雄性的攻擊行為、增加互助而演化出來的。

＊隱蔽排卵和隱蔽性交能夠增加特定伴侶之間的連結，成為人類家庭的基礎。

＊女性演化出隱蔽排卵，是為了促進和男性或伴侶之間的長久連結，這讓男性比較確信自己的確是所扶養兒女的父親。

這些解釋都顯示了人類社會組織的重要特徵。一位女性和一位男性如果想要他們的子女（以及基因）存活下去，就必須彼此合作，花很長的時間養育子女。同時，他們也必須和鄰近的夫妻合作，取得各種資源。一位女性和一位男性之間固定的性關係，使得他們之間的連結，要比朋友和鄰居之間的連結更強，這些伴侶之間的連接像是社會黏著劑，而不只是受孕的機制而已。人類偏好在私密的場合進行性交，凸顯出在成員關係密切的群體中，性伴侶和非性伴侶的身分是截然不同的。

外遇的科學

人類伴侶系統的基礎，是雄性和雌性為了一起養育後代而形成的長時間連結。也有另一種靈長類動物有維持長久的配對：小型猿類長臂猿，不過牠們的伴侶系統和人類的不同。長臂猿的伴侶獨自生活，沒有群體，也沒有社群生活，並不會和其他長臂猿個體接觸。長臂猿彼此配對之後，便不會和其他異性交配。

人類是在群體中生活，而不只和伴侶一起過日子。有的時候人類會和伴侶之外的其他人發生性行為，已經結婚的人和伴侶之外的人發生的性行為，稱為婚外情或是外遇，是夫妻性行為這種「正常」模式中的例外狀況。

外遇讓人心碎，讓生活破裂，那麼為什麼人類要外遇呢？演化可以解釋許多行為，也可以解釋外遇的由來。請記得在演化生物學的架構中，我們檢驗的是整個物種的行為模式，而且演化只是人類行為背後的驅動力量之一。

從演化競爭的觀點來看，那些留下最多後代的個體是優勝者。不同的物種有各自贏得勝利的策略，有些物種是完全單偶制，有些則是雜交（每個個體有很多交配的伴侶），有些物種則融合了兩者：單偶制但是有例外狀況。

在任何物種中，對雄性最好的生殖策略，對於雌性來說可能不是最好的。就拿人類來說吧，男性要繁衍後代，要付出的最小代價只有性交；但是對女性而言，除了性交之外還有懷胎九月，此外在人類的大部分歷史中，女性還要花許多年的時光養育小孩，這都得投入大量的時間和能量。這樣的狀況造成的結果便是一位男性終身能夠製造出的後代數量要比女性高出許多。男性一生繁衍後代數量的紀錄是八百八十八個，由摩洛哥蘇丹「嗜血」伊斯梅爾（Emperor Ismail the Bloodthirsty of Morocco）所創的。女性的紀錄由十九世紀一位俄羅斯女性所創，她有六十九個孩子，其中有許多是三胞胎。很少女性能有超過二十個孩子，但是男性在多妻的社會中，能夠輕易達到這個數量。

如果光從後代的數量當作衡量「成功」的標準，那麼男女之間生物上的差異使得男性更容易外遇，這可能是男性在婚姻伴侶之外找尋性關係的原因之一。那麼女性呢？她們外遇的原因是什麼？在世界各地的調查研究指出，女性在婚姻之外性關係的起因通常是對於現在的婚姻不滿意，而想要尋找新的長期伴侶關係。

上面這些說法，都指出外遇「只是自然的行為」，但是我們就應該接受這樣的行為嗎？並不是。解釋與知道一個行為的來龍去脈，和接受或加以辯護並不是相同的事。人類活動的所有目的，並不能化約成某一種演化驅動力。人類能夠選擇其他的目標。很多人除了自己伴侶之外，並沒有興趣和其他人建立性關係。有些人的目的是實踐對伴侶忠誠的諾言，遵循宗教和道德信念，或是保護家庭的想法勝過發展婚外情。在人類這個種族中，成功與幸福不只是由留下的後代多寡所決定的。如果要找例子，可以看看許多成功和幸福的女性與男性選擇限制不要生那麼多兒女，或是根本不想生小孩。也可以看看許多人與同性建立的親密關係，或是具有超越傳統男女角色的性別。

單偶制的鳥類。還有，牠們真的是這樣嗎？

在動物界中，婚配系統和人類最相近的是鷺和鷗這類會在一起築巢的鳥類，牠們兩兩成對，雌雄鳥會密集地住在一起，撫育幼鳥，看起來像是單偶制。小鳥需要兩隻親鳥的照顧才能健全成長，光是一隻親鳥辦不到，因為如果一隻親鳥出外找尋食物，巢穴缺乏保護，那麼就可能遭受破壞。一隻雄鳥無法同時保護兩個鳥巢。

科學家觀察了在美國德州的大藍鷺（blue heron）和大白鷺（great egret），發現雄鳥在伴侶離開巢穴去尋找食物時，會留下來保護巢穴。在配對後的頭一兩天，雄鳥經常對路過的雌鳥展現求偶行為，但是不會真的和牠們交配。這種求偶行為可能是一種「保險」，雄鳥可能是為了先做好準備，以防現在的伴侶拋棄他（發生這種情況的機會是兩成）。那些路

過的「備胎」雌鳥是單身的，正在找尋伴侶，她們並不知道來追求的雄鳥已經有伴了，但是當那些雄鳥的伴侶回巢趕跑她們時就知道了。最後如果雄鳥完全相信自己不會被伴侶拋棄，便會停止對路過的雌鳥做出求偶行為。

黑脊鷗（herring gull）使用的策略不同。一項對美國密西根湖地區黑脊鷗進行的研究發現，有伴侶的雄鳥有三五％會發生外遇。所有已經有伴侶的雌鳥，對於伴侶之外的雄鳥獻殷勤，都加以回絕，而且當伴侶離開時，也不會跟那些周圍的雄鳥調情。那些雄鳥的「外遇」對象，都是單身的雌鳥。在此同時，這些雄鳥還是會帶回許多食物給雌鳥。

這些研究指出，那些「單偶制」的鳥類並非都一直是「單偶」的。有些外遇的雄鳥想要享齊人之福：維持自己的伴侶關係，同時又和其他的雌鳥留下後代。

上圖：大藍鷺和牠們的鳥巢。

選擇目標

我們不需要完全遵守那些演化出來的特質，以及那些記錄在基因中的指令。搶奪敵對部族的女性來當作新娘，或是刻意殺害兒童這樣古老的行為，在現代文明中已經完全消失了。演化學觀點的價值在於能夠幫助我們瞭解人類社會行為和性行為的起源，但不是瞭解我們現在所作所為的唯一途徑。

一旦人類發展的文化生根立足，文化就有自身新的目標。對於忠誠和雜交的問題，不能只由人類的演化特質來決定，因為這也是道德問題，和我們對於正確及錯誤的信念有關。在演化的競賽中，能夠留下最多後代的個體勝利，這點人類和其他動物一樣，但是我們同時也追求道德目標，因此讓我們有不一樣的行為。能夠在這些目標中選擇，是人類和其他動物之間最大的差異。

人類如何選擇伴侶？

人類性行為這個拼圖中的最後一片，和「吸引力」有關。是什麼讓我們選擇這個伴侶，而不是其他人？

心理學家研究這個問題的方式，是調查許多對夫妻，統計了所有想得到的因素，想要釐清為什麼她和他會結婚。結果毫不意外，大部分的夫妻屬於相同的族群（不過各族群之間通婚的比例逐漸增加），有相同的宗教信仰和政治觀點。配偶彼此在聰明才智上往往能夠匹配，在性格上也是，例如都愛乾淨的人容易在一起。

那麼外貌呢？如果統計了夠多的夫妻，會發現意料之外的結果。雖然有很多例外，但是平均來說，伴侶彼此的外貌會有些相似。雖然只是「有些」，但是在統計學上已經夠顯著了，而且是在外貌的各個方面都有顯著的相似。我們最先想到的明顯外觀就符合這個統計結果，這些外觀特徵包括了身高體重、眼睛頭髮和皮膚的顏色。但是符合統計的還包括幾十種比較不明顯的外觀特徵，例如鼻子的寬度、耳垂或中指的長度、兩個眼睛之間的距離、腰圍大小，以及肺活量！

研究人員調查了世界各地的人，包括在波蘭的波蘭人、在密西根州的美國人，以及在查德的非洲人，結果都一樣。在每個案例中，伴侶彼此長相並不相同，但是兩者之間相似的程度要比隨機配對的人之間高。

雖然有句老話說「不同的人彼此吸引」，但是平均來說，人們往往和自己相似的對象結婚，而不是反其道而行。原因之一是我們花比較多時間和與我們相近的人相處。許多人所處的社區，居民往往有著相同的道德或宗教背景，相同的社會和經濟地位，我們會在廟宇教堂中遇到和自己有著相同信仰的人，而家族的朋友往往有著相同的家族利益、政治立場和社經地位。

這些接觸讓我們有許多機會遇見和自己類似的人，並且墜入情網。但是耳垂長度相近的人並不會住在一起，所以夫妻外貌相似是其他的原因造成的，答案來自於外貌的吸引力。從身高、髮色這種明顯的特徵，到耳垂長度和兩眼間距這種難以注意到的差異，這種種特質集合起來，構成了我們心目中理想對象的模樣。我們可能不會意識到有這樣的形象，但是當我們遇見陌生人的時候，這樣的形象讓我們會有「他是我的理想型」或「她不是我的理想型」這樣的念頭。

我們會受到外貌相近的人所吸引，是因為這個「理想對象」的形象是建立在和我們基因有一半相同的那些人身上，也就是雙親和手足。我們在剛出生到六歲之間就建立這樣的形象了，這個形象深深受到當時最常見到的異性所影響，對大部分的人來說，就是父母和手足，或是經常接觸的同年紀朋友。

會建立理想伴侶的形象，也是演化的結果。不過研究人員一再發現，人類在選擇伴侶時，個性、才智和宗教的影響力要超過外貌。在面對有可能成為戀人的對象時所感受到的吸引力，以及最後所選擇的終身伴侶，都和人類的社會生活與性生活一樣，其中演化特質只有部分的決定權，其他的則由我們的生活經驗、價值與目標所決定。

第4章
人種的起源

想像介紹三個人給你認識，分別來自奈及利亞、日本和瑞典，你可能一眼就輕易認出誰來自哪個國家。你會看到他們有不同的膚色、眼睛的形狀和顏色、頭髮的質地和顏色，以及身材大小與外形。這些差異點出了這些人是從哪些大陸來的：奈及利亞人來自於非洲，日本人來自於亞洲，瑞典人來自於歐洲。受過訓練的人類學家可能更厲害，能夠說出這些人是從他們國家的哪個地區來的。

人類族群在地理上的特徵差異，成為各種種族的基礎。對於許多費解隱晦的動物和植物物種，科學家都已經有了非常深入而且專業的研究了，你可能會認為，對於「不同地方的人為何外貌不一樣」這樣顯而易見的問題，他們一定已經知道答案。如果我們連人類各個族群有不同外貌的原因都搞

右頁圖：
不論風格如何，人們通常選擇相似的人為伴侶。當然新的風格也有機會，但是需要足夠的相處時間，以及伴侶是否受到這種新風格的吸引。

不清楚，當然也就不能完全瞭解人類和其他動物為何不同。

但是人類種族（human races）這個主題卻非常燙手。英國科學家達爾文在一八五九年發表的著作《物種源始》，為現代生物學建立了基礎，但是他迴避了這個問題。就算是現在，也只有少數科學家敢研究人類種族起源這個問題，許多科學家怕光是研究這個主題就會被冠上種族主義者的帽子。

我們不瞭解有那麼多不同種族的原因，在於這個問題非常難解決。達爾文的理論認為種族是由性擇造成的，也就是來自於人類選擇伴侶的偏好。目前這個理論仍然有爭議，現代的生物學家認為人類會有各種種族，是由天擇造成的，這是和性擇不同的過程。不過他們甚至連熱帶人的皮膚顏色為何比較深的天擇過程，都還沒有共識。膚色只是種族之間的一種差異而已。

在這一章中會討論上面所說造成差異的兩種驅動力量：天擇和性擇。你會看到我認為天擇只能扮演配角，性擇才是造成種族差異的主要力量。

看得到的不同之處

並非人類才有種族差異，絕大多數分布區域比較廣泛的植物和動物（包括大猩猩和黑猩猩），都會隨著地區而有差異，這表示同一個物種在不同地區的族群，有著可以辨認出來的差異。

那麼，在不同區域的兩個不同族群，要怎樣知道是否屬於同一個物種呢？如果牠們接觸時彼此不能夠混血，就分屬於不同的物種；如果能夠混血，就是同種。但是由於牠們有一些明顯的差異存在，所以這些族群被當成是不同的種族（也稱為亞種）。舉例來說，所有的大猩猩都屬於同一個物種，但是其中有三個種族（也就是亞種）：山地大猩猩、東方低地大猩猩和西方低地大猩猩。三個亞種的大猩猩在體型、毛髮長度和顏色上都有明顯的差異。

親緣關係相近的物種如果被關在一起，通常可以彼此混血，例如獅子和老虎會彼此交配，但是這兩個依然是不同的物種，因為牠們在自然環境中不會這樣做。但是所有的人類都屬於同一個物種，當兩個人類族群遭遇時，會發生混血的狀況。

人類有種族差異，至少持續了數千年，可能還更久。在西元前四百五十年，希臘歷史學家希羅多德（Herodotus）就描述了來自非洲的深色皮膚衣索比亞人，以及紅髮藍眼的俄羅斯部族。古代的繪畫，從埃及和祕魯出土的木乃伊，以及在歐洲泥碳中的屍體，都顯示在數千年前，人類的頭髮和面部特徵就和現在的人類一樣彼此有所不同。化石紀錄則顯示在一萬年前，各地方的人類顱骨就有了差異，那差異的形式和人類學家所見到的現代人類相似。

天擇能夠解釋膚色差異嗎？

現在我們回到不同地理分布的同種生物為什麼會出現明顯差異這個問題上。有一個論點指出，這是天擇所造成的，這個機制驅動了演化，讓生命的形貌隨著時間而改變，從舊的物種發展成新的物種。簡單說，天擇能夠幫助植物或動物的生存特徵，傳遞到下一代中。

當隨機的突變造成基因的改變，新的特徵會出現，或是已經具備的特徵會改變。通常遺傳改變對植物和動物個體有害；然而也有的時候沒有任何效果，有些則有幫助。舉例來說，如果一個突變讓某隻鳥的喙變得稍微長一些，那麼比起同種的其他鳥，牠更容易捉到藏在樹皮縫裡面的甲蟲，那麼這個突變就是有好處的，讓這隻鳥能夠活得比較久，更容易留下比較多後代，這些後代會遺傳到那隻鳥的遺傳組成，包括了那個讓喙比較長的新突變。這個新突變帶來了生存優勢，所以這些後代的後代能夠分布得更廣。隨著時間流逝，那些鳥建立了一個新的族群，變成了新的亞種，甚至是全新的物種。

物種之間的許多差異，是由天擇造成的，例如獅子的腳掌上有爪子，而人類的手能夠抓握。天擇也能夠解釋物種間一些種族上和地理上的差異變化，例如生活在北極地區的伶鼬（weasel）。北極地區冬天冰雪覆蓋，當地的伶鼬冬天毛是白色的，到了夏天就變成了棕色；分布在南方的伶鼬就整年都是棕色的。這樣種族的差異有助於伶鼬的生存，因為在棕色的背景中，白色會一眼就被看出來，但是在雪地中就是很好的偽裝，不容易被獵物發現。

不同地區的人類有一些差異，的確可以用天擇解釋。例如許多非洲人都有鐮狀細胞血紅素基因，但是瑞典人就沒有，那是因為這種基因能夠對抗瘧疾，非洲有這種熱帶傳染病，而瑞典沒有。另一個不同地區人群之間的差異是胸腔的大小，這也是由天擇造成的。和愛斯基摩人相比，住在南美洲安地斯山的印地安人胸腔就比較大，因為高海拔地區空氣稀薄，這樣可以吸入比較多氧氣；北極地區氣候寒冷，胸腔小比較容易維持體溫。

膚色和眼珠顏色是我們最先想到的種族差異，天擇能夠解釋這些特徵嗎？如果可以解釋，那麼我們可能會推想在氣候相似的地區，藍眼珠這樣的特徵應該會一再出現，若真如此，那麼科學家便會認同這個特徵是有好處的。

膚色應該是最容易瞭解的特徵。人類的膚色從深暗的黑色、棕色、古銅色、黃色、粉紅色，到有雀斑或是沒有，有各種層次變化。天擇通常是這樣解釋這種變化的：在陽光強烈的非洲地區，人的皮膚是黑色的。在印度南方、新幾內亞這些陽光充足地區的人，也是如此。離赤道愈遠、愈接近南北兩極的地區，膚色便愈淡，到了北歐，當地人的膚色最淡。顯然深色皮膚是因為接受到大量陽光所演化出來的，因為深色皮膚能夠預防曬傷與皮膚癌。這種說法沒道理嗎？

很不幸，事實沒有那麼簡單。首先，和傳染性疾病相比，曬傷和皮膚癌造成的死亡率非常低，也就是說曬傷和皮膚癌不會造成天擇的巨大壓力。至少還有其他八種理論用天擇的方式說明，在熱帶地區為什麼黑皮膚比較好、靠北方地區白皮膚比較好，其中包括：在叢林中深色的皮膚有利於偽裝，淺色的皮膚比較不容易凍傷。

但是這些理論最大的缺陷在於，深色皮膚和陽光強烈的氣候之間並沒有絕對的關聯。在有些陽光溫和的地區，例如森林遍布的澳洲塔斯馬尼亞島，當地人依然演化出深色的皮膚。在東南亞陽光強烈的地區，當地人的膚色只有中等深淺。在美洲，不論是陽光多強烈的地區，當地的印地安人並沒有黑皮膚。太平洋的所羅門群島上，皮膚烏黑的人和皮膚淺白的人居住在同一個島嶼，在同樣的氣候下生活。

人類學家爭辯說，有些熱帶地區膚色淺的人，是最近才遷徙到陽光強烈的地方的，所以還沒有演化出深色的皮膚。美洲印地安人的祖先是約在一萬一千年前才抵達美洲，這個時間還不夠長，所以美洲熱帶地區的印地安人還沒來得及演化出黑皮膚。人類學家

左頁圖：
在澳洲有些地區，原住民小孩中有四分之三的頭髮是淡金黃色，有的長大之後變成棕色。其他常出現金黃色頭髮的是居住在北歐地區白皮膚的人。

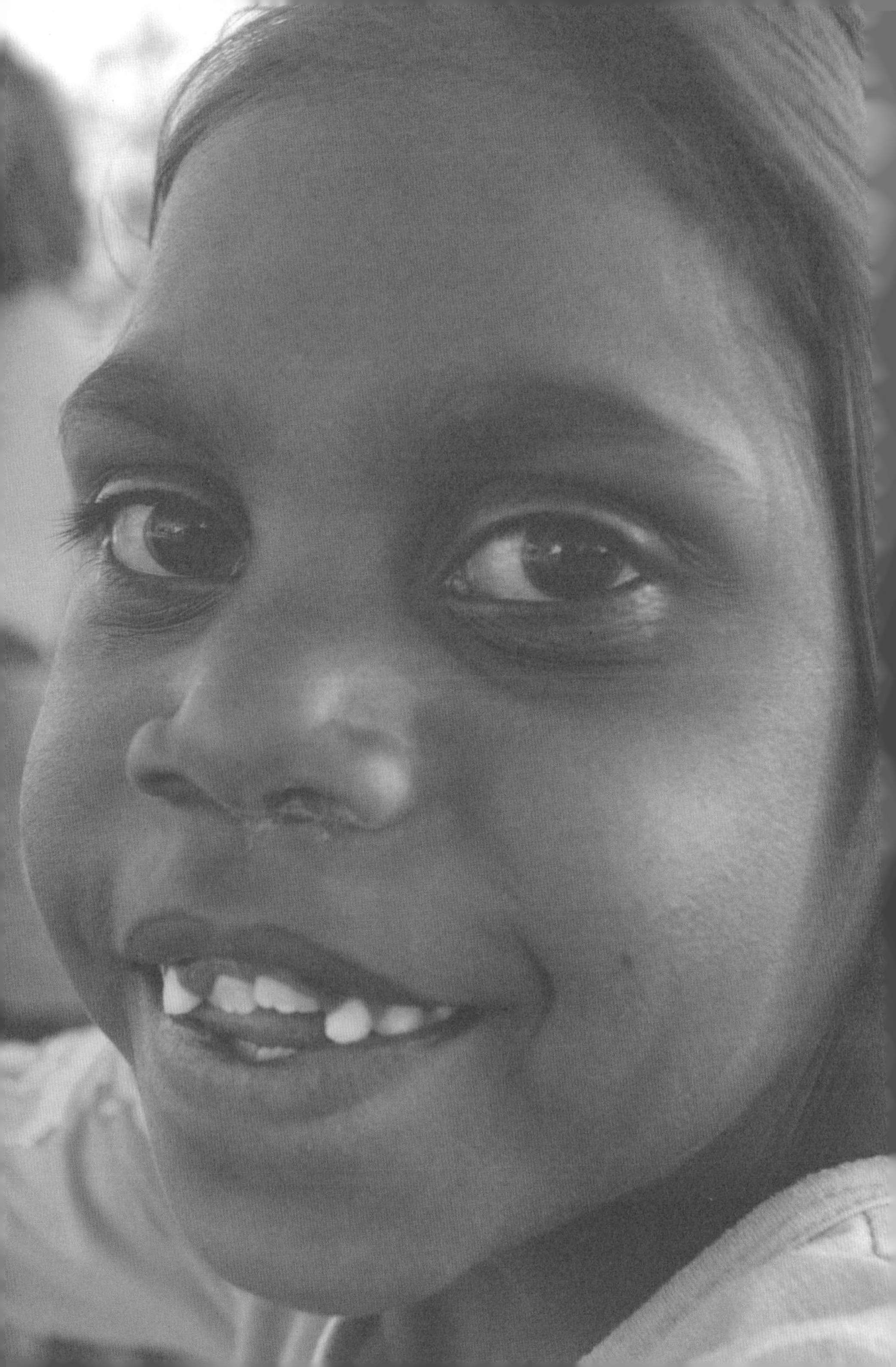

為了支持這個氣候影響膚色的觀點，還指出斯堪地那維亞人（Scandinavian）因為居住在冷暗多霧的北歐，膚色才會比較淺。但問題是斯堪地那維亞人搬到北歐才四、五千年而已，甚至比印地安人遷居到亞馬遜地區的時間還要晚。要不是他們只需要印地安人住在亞馬遜地區一半的時間，就足以演化出淡膚色，就是他們在遷徙到北歐之前，在別的地方時膚色就已經比較淡了。

如果膚色和氣候的關係薄弱，那麼氣候和髮色及眼珠顏色之間就毫無關聯了。在北歐寒冷潮溼地區的人經常有金黃色的頭髮；但是在澳洲中央、炎熱乾燥的地區，當地的原住民也有金黃色的頭髮。這兩個地區有什麼共通之處？金黃色的頭髮要如何才能讓瑞典人和澳洲原住民的生存機會提高呢？

性擇與外貌

達爾文在思索人類因為地理分布不同而出現的差異時，他認為這和天擇無關，而是比較偏好他後來構思的理論：性擇。

達爾文注意到許多動物具備了一些對生存沒有明顯用途的特徵，例如孔雀尾巴的長羽毛色彩鮮豔，公獅子有深色濃密的鬃毛。這些特徵不是能夠吸引異性，就是能夠威嚇對手，結果都是更容易得到伴侶。容易吸引雌性和威嚇對手的雄孔雀或是雄獅子，會留下比較多後代，牠們的基因將會傳遞下去，這些基因會因為性擇（選擇配偶時的偏好）而在族群中分布得更多，這不是由天擇造成的。同樣的論點也能夠說明一些雌性的特徵。

演化要同時造成兩個改變，性擇才會成功。某一個性別必須演化出某種特徵，另一個性別必須演化出對這種特徵的喜好。如果雌孔雀看到鮮豔的尾巴羽毛就避之唯恐不及，那麼雄孔雀也就不會有這樣漂亮的羽毛了。當某一個性別具有另一種性別喜愛的特徵，只要這種特徵不會對於個體生存產生嚴重的影響，那麼性擇就會讓這種特徵保留下來。

膚色這種人類的特徵變化，會是因為各地區人類對於對象喜好的差異所產生的結果嗎？達爾文相信答案就是如此。他注意到世界各地區的人，認為和自己相似的，就是美麗。不論是住在太平洋斐濟島上的人、非洲南方的布希曼人，或是住在冰島的人，在成長的過程中，就已學習到當地對於美感的標準。在每個族群中，這些標準一直維持下去，因為符合這些標準的個體，最容易找到伴侶，把自己的基因傳遞下去。

在性擇還沒有來得及在人類身上檢驗是否成功之前，達爾文便去世了。不過就如同上一章所描述的，現在已經有很多相關的研究在進行了。整體來說，這些研究顯示人類傾向和自己有很多特徵相近的人結婚，這些特徵包括膚色、髮色和眼珠的顏色。我們對於美麗的標準，取決於童年時期在周遭所見到的人，特別是最常見到的雙親和手足，以及和自己最相似的人，因為自己和那些人之間，有一些基因是相同的。

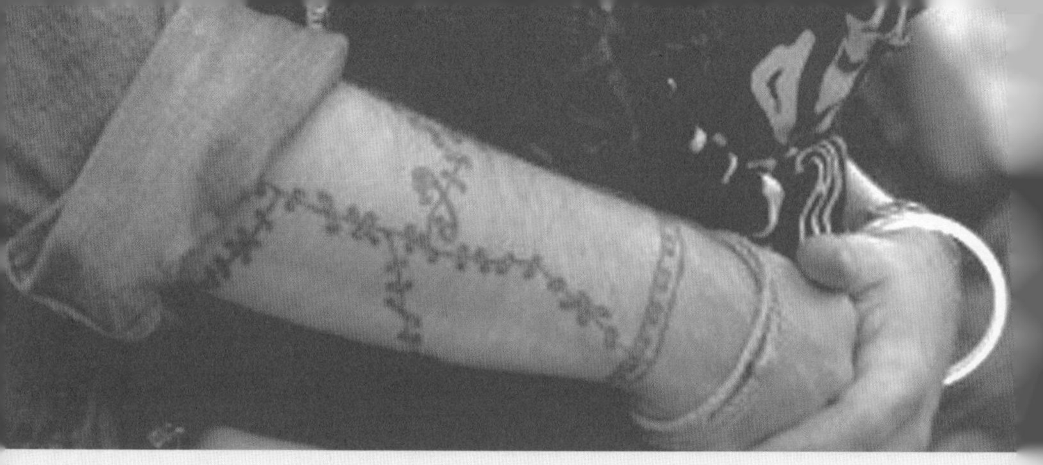

白色、藍色，還是粉紅色？

看來，人類選擇配偶的美醜標準，是在幼年時期就已經刻印下來的。為了要好好證明這種選擇伴侶的銘印理論（imprinting theory），我們應該做一些實驗，不過用人類來做實驗既不實際、也不可能，但是可以用動物做實驗。

有一項研究用到了雪雁。野生的雪雁有兩種顏色：白色與藍色。加拿大的研究人員想要瞭解雪雁偏好白色或藍色伴侶，是天生的還是出生後才學習到的。他們用孵卵器孵雪雁的蛋，讓其他的雪雁養育剛出生的小雁。這些小雪雁長大之後，偏好顏色和養父母相同的雪雁。如果小雪雁混在白雪雁和藍雪雁之中成長，那麼之後在選擇伴侶時就不會挑顏色。

生物學家最後還用了一招。他們把一些當養父母的白雪雁染成粉紅色，在自然界中並沒有粉紅色雪雁。由粉紅色雪雁養大的雪雁在尋找伴侶時，偏好染成粉紅色的雪雁。這些研究顯示了雪雁對於顏色的偏好並非來自於遺傳，是在成長的時候，由雙親、手足與同伴施予的銘印。

特徵、品味與選擇伴侶

那麼，世界各地的族群是怎樣演化出各自差異的？我們看不見身體的內部，所以身體內部的構造就只能夠由天擇打造，因此在熱帶的非洲人才有對抗瘧疾的鐮狀細胞血紅素基因，而瑞典人沒有。許多可以見到的外在特徵也是由天擇打造的，但是就和那些動物一樣，性擇對於外在特徵也有深遠的影響，這些特徵可以吸引伴侶。

對人類來說，這類特徵中最重要的便是皮膚、頭髮和眼睛的顏色。在世界上的每個角落，人類年幼的時候，便接連不斷地銘印上對這些特徵、品味和理想的偏好，讓這些特徵能夠發展下去。特徵強化了偏好，偏好又強化了特徵，最後使得世界各地的人產生各種外貌顏色不同的組合。

哪個族群最後會偏好哪種眼睛顏色或是頭髮顏色，可能有部分原因是意外，科學家稱之為奠基者效應（founder effect）。如果有一群人在沒有其他人群的地方繁衍，後來子孫遍布這個地區，那麼當初那些少數奠基者的基因，在那麼多代之後依然會在族群中占多數。

我並不會說氣候和膚色完全沒有關係。平均來說，熱帶地區的人的膚色，要比高緯度地區人的膚色來得深，不過有許多例外便是了。這可能是由天擇造成，但我們還不確定是如何發生的。我要指明的是，性擇的確強到能夠說明膚色和日照之間的關聯並不緊密。

如果你懷疑各種特徵與偏好可以共同演化，最後產生不同的結果，那麼想想看流行趨勢吧。在第二次世界大戰剛結束的一九五〇年代，女性喜歡男性留平頭、鬍子刮得乾乾淨淨。之後我們可以看到男性流行趨勢接連不斷的變化，包括留鬍子、留長髮、戴耳環以及將頭髮染成紫色的莫霍克頭（Mohawks）。如果在一九五〇年代有哪個年輕男孩敢做這種打扮，女孩子一定退避三舍，他也只能一直單身了。但是近年來，在有些族群中，這種打扮就是受到歡迎，受到女性青睞。這並不是因為平頭特別適合一九五〇年代的氣候，或是現在莫霍克頭有助於生存，這是因為男性的打扮和女性的品味是同時演進的，這種轉變不需要基因突變，速度卻要比任何演化改變都還要快得多。同理，女性的流行時尚也是這樣改變的。

性擇所創造出來的人類地理變化，是非常驚人的。我不知道是否有其他的野生動物，在不同族群中，具有綠色、藍色、灰色、棕色和黑色的眼睛；在不同地理區域，膚色可以從白色到黑色中的某一種；頭髮可以是紅色、黃色、棕色或黑色。只要有足夠的時間演化，性擇賦予人類外觀的顏色變化應該是沒有限制的。兩萬年後女性說不定天生就有綠頭髮和紅眼睛，而男性會認為這樣的女性最美麗。

第5章
人類爲何會衰老與死亡？

你的人生中有喜愛的祖父母嗎？或是有尊敬的老師？你應該至少能夠想到一位讓你的生活變得更豐富的老人家。

我們降生到這個世界上時，雙親、兄姊、祖父母、叔伯阿姨等，都比我們年長，他們會保護與指引我們，成為我們的家人和朋友。我們珍惜和這些所愛之人的關係。總有一天，他們會離開我們，這令我們難過。人類的生命旅程會自然地走向衰老，然後死亡，這是人類共通的命運。

我們屬於智人這個物種，就和地球上所有物種的成員一樣，我們的預期壽命（life expectancy）也是生活史的特徵之一。預期壽命是科學家使用的專有名詞，代表這個物種中個體預期的平均壽命。這個時間長度會受到許多因素的影響。對人類來說，最重要的影響因素是居住的地區。不同國家的

右頁圖：
西班牙殖民地的軍事總督德萊昂（Juan Ponce de León）在1513年到美國佛羅里達州探險。有些歷史學家宣稱他是為了尋找青春之泉才去的。傳說這種神祕的泉水能夠治百病，並且讓人長生不死。有些科學家依然希望能夠找到長生不老或是讓壽命增加的祕密。

人，預期壽命也不同，這是因為他們得到的食物、水和醫療照顧品質不同。在美國，成年男性的預期壽命是七十六歲，成年女性是八十一歲。只有極少數人能夠活到百歲。

為什麼活到將近八十歲很容易，但是活到一百歲很困難，而且幾乎不可能活到一百二十歲？為什麼人類就算受到頂級的醫療照顧，被關的動物有充分的食物又沒有天敵，卻都無可避免會逐漸衰老、生病和死亡呢？死亡是我們的生活史中最明顯的特徵之一，但是引起死亡的真正原因卻還不明確。

慢慢的衰老

比起和我們親緣關係最接近的物種，人類老化的速度很慢。沒有哪一頭猿類有過活到人類預期壽命的紀錄，只有少數例外的猿類能夠活到五十多歲。不過人類老化的速度慢，可能是在我們演化史中很晚才出現的，也就是大約是在六萬年前大躍進時期。尼安德塔人很少超過四十歲，取代尼安德塔人的克羅馬儂人有一些可以活到六十歲。

逐漸衰老對人類的生活史非常重要，因為這和分享資訊有關。當語言演化出來之後，人類便能夠傳遞更多資訊。現在我們可以用文字和聲音傳遞資訊，但書寫文字在人類歷史中很晚才發展出來。在文字發明出來之前的那幾萬年中，長者就等於是圖書館，他們像是圖書館員，保存了群體的資訊和經驗，現在的部落社會中他們依然發揮這樣的作用。一位七十歲老人家的知識，可能攸關整個部族在饑荒時能否生存下去。

人類能夠發育成長到老年，和人類的文化與科技的進步有關。比起拿石頭，拿長矛更容易對抗獅子，用步槍當然就更容易了。可是如果人類的身體本身就無法維持那麼久，文化與科技的進步也無能為力。在這一章中我們將會看到，因為文化與科技進步造成預期壽命增加，使得人類的生物本質發生了改變。

有兩群科學家研究老化，他們各自有不同的取向。生理學家研究身體的本質與結構，想要找出細胞中造成老化的機制；演化生物學家想要瞭解天擇為何會讓老化出現。我認為，如果不瞭解這兩個取向的解釋，就不能瞭解老化。演化方向的解釋（我們為什麼會年老）能夠幫助我們找到生理方向的解釋（說明身體中哪些特徵與過程造成年老）。

修補與代替

生理學家總認為身體中的結構和系統讓老化無法避免，他們解釋老化的理論之一和免疫系統有關，因為免疫系統愈來愈難以區別自己身體中的細胞與來自體外的入侵細胞，這是免疫系統的致命缺陷。天擇能夠製造出沒有這種缺陷的免疫系統嗎？要回答這個問題，我們得先瞭解身體自我維持運作的方式。

我們可以把老化看成無法修復的損傷與衰退。身體在我們不自覺的情況下，持續進行修復的工作，小到修補分子、組織，大到器官。同樣的，我們也會花錢修車。身體的自我修復機制就像是修車，可以分作兩大類：損害控制（damage control）與定期更換（regular replacement）。

對車子來說，損害控制就是把漏氣的輪胎或是扁掉的保險桿換成好的。對人類來說，最容易看到的損害控制是皮膚上的傷口癒合。有些動物進行的損害控制非常厲害，蜥蜴的尾巴斷了之後能夠再生，海星的觸手切了之後也能再生，海參甚至能夠讓腸子再生。在肉眼看不到的分子階層，我們體內的酵素會尋找遺傳物質ＤＮＡ上的損傷並且加以修復。

另一種修補是定期更換，有汽車的人也很熟悉這種保養。我們會定期更換機油、空氣過濾網以及其他零件，不會等到壞了才換。在動物中，牙齒會按照一定的時間程序更換。人類一生中有兩套牙齒可用，大象有六套，鯊魚則沒有限制。龍蝦和昆蟲等會定期更換外骨骼，牠們會把外骨骼褪去，長出新的來。頭髮也是持續更換的例子。不管怎麼剪，頭髮都以穩定的速度長出來。

身體內也有細胞組織定期更換。人類許多細胞都會定期更換：小腸內壁的細胞每隔幾天便會更換，紅血球每四個月就會更換，細胞中的蛋白質也會更換，以免受損的蛋白質造成不利的影響。你臉看起來和一個月前拍的照片一樣，但是你身體裡面的許多分子都已經不同了。

動物身體許多構造，如果有必要就會修補，或是進行定期更換。哪些部位可以修補與更換，以及更換的頻率，會因物種的不同而有差異，但是這和人類的壽命限制沒有什麼關聯。海星切掉的觸手能夠再生，那麼人類的四肢切掉了為什麼無法再生？如果要治療關節炎，就像螃蟹更換外骨骼那樣定期更換關節不就好了？你可能會認為天擇偏好的，應該不是那些在八十歲就會死亡的人，而是能夠持續生育到兩百歲的人。那麼，為什麼我們並非天生就能夠修補身體的所有部位呢？

這個問題牽涉到修復的成本。這裡還是可以用汽車修理解說。假設你買了一輛昂貴的汽車（例如賓士車），希望能夠用得久，那麼花錢定期保養是很合理的，因為這要比每隔幾年把舊的賓士車丟了買新車划算多了。但是如果你住在新幾內亞的首都莫士比港（Port Moresby），當地汽車事故的比例高居世界之冠，不論如何細心更換機油或是空氣過濾網，車子在一年之內都可能會全毀，所以許多車主根本就沒有想要維修，他們把這些錢省下來，當作買新車的資金。

同樣的，一頭動物「應該」要把多少能量投資在修補身體上，也取決於修補所需要的成本，以及修補與否對於壽命的影響。這些考量便把我們帶入了演化生物學的範疇。天擇運作方向是增加個體留下的後代。我們可以把演化想像成戰略遊戲。就演化的觀點來看，採用留下最多後代的策略，就會獲勝。這個觀念可以讓我們釐清非常多生物問題，包括壽命長度問題。

壽命長度問題

如果活得久就能夠留下比較多的後代，那麼為什麼植物、動物和人類都沒有活得更久一些呢？如果移動速度快、腦筋聰明是好的，那麼為什麼人類沒有演化得跑步速度更快、頭腦更聰明呢？

天擇是作用在整個個體上，而不是某一個部位或是特徵。要存活並且留下後代的是你，不是你比較聰明的腦或是跑得更快的腿。讓動物身體某個部位的能力增加，在某方面有利，但是在另一些方面是有害處的。在動物中，某個部位比較大，可能無法和其他身體部位配合，或是可能用光了其他部位所需要的能源。

天擇傾向調整每個特徵，好讓動物整體能夠最容易存活下來，並且留下最多後代。每種特徵都不會推到極限，而是各個特徵都要彼此配合，不會太突出，也不會太弱小，達到平衡。這樣的動物個體要比某個特徵凸顯或減弱的會更成功。

我們還是可以把這個原理應用到汽車這樣由許多零件組成的複雜機器上。工程師在設計汽車的時候，不會單獨考慮某一種的零件，而不顧汽車其他的部位，因為每個零件都需要花費成本、占據空間、為車子增加重量，這些都是所有零件共用負擔的。工程師要考量的是如何組合這些零件，好讓車子的整體效率提升到最高。

就某些方面來說，演化就像是工程師，它不單獨強調某一個特徵而不顧動物身體其他方面，因為每個器官、每種酵素，或是每段DNA，都會消耗能量和空間，這些資源其他的部位都會用到。相反的，天擇偏好能夠讓動物達到最大生殖成功的特徵組合方式。工程師和演化生物家在面對任何和性能增加有關的事情時，都應該考慮到「等價交換」。他們必須權衡改變會帶來的成本以及好處。

戰鬥巡航艦的教訓

要說明物種中某個特徵過度加強後導致滅絕，可以拿英國的戰鬥巡航艦（battle cruiser）當例子。在第一次世界大戰（西元一九一四——一九一八年）前，英國海軍建造了十三艘戰鬥巡航艦，這種軍艦設計成和戰艦（battleship）一樣大，裝載的大炮和戰艦一樣多，但是速度快。由於速度與火力提升到極限，戰鬥巡航艦馬上就激發了眾人的想像力，成為軍方宣傳的重點。

一艘二萬八千公噸的戰艦如果要維持原來的火力，同時又為了提高速度而加裝大的引擎，只好減少其他的部位。戰鬥巡航艦主要刪減的地方是裝甲厚度，除此之外，小型槍炮、內部隔

間和防空設施也減少了。

這種不平衡的設計，造成了無法避免的結局。一九一六年，英國皇家海軍的不倦號（Indefatigable）、瑪莉皇后號（Queen Mary）和無敵號（Invincible）在一場戰役中，被一艘德國軍艦所發射的炮彈擊沉。一九四一年，皇家海軍胡德號（HMS Hood）和德國戰艦俾斯麥號（Bismarck）交戰八分鐘之後就被擊沉。同一年，在日本攻擊珍珠港後幾天，皇家海軍卻敵號（HMS Repulse）在日軍的炸彈攻擊下沉沒，成為第一個因為海上空襲而沉沒的大型軍艦。明顯的證據擺在眼前，把某些特色加強，會造成整體平衡失調，英國海軍從此終止了建造戰鬥巡航艦的計畫。

上圖：
1916年第一次世界大戰期間，英國瑪莉皇后號（Queen Mary）被一艘德國軍艦擊沉。

演化與老化

人類生活史中的許多特徵，看起來是要限制我們產生後代的能力，而不是提升到極限，能夠老化之後才死亡便是一個例子，其他的特徵包括青春期很晚才出現、懷孕九個月只生下一胎，以及女性會有更年期（女性過了更年期之後便不會懷孕）。天擇為何不讓女性在五歲的時候就進入青春期、懷孕時間只需要三個星期、每次可以產下五個以上的小孩、不會進入更年期，還可以活到兩百歲而留下上百個兒女呢？

如果想要這樣，就得假裝演化能夠一口氣改變身體的所有部位，並且忽略那些看不到的成本。舉例來說，人類不可能在不改變母親與胎兒身體的狀況下，把懷孕的時間壓縮到三個星期。要記得，我們身體能夠運用的能量是有限的，即使伐木工人或是馬拉松選手這樣消耗大量能量的人，每天最多也只能轉換六千大卡的能量。如果我們的目的是要盡可能大量製造後代，那麼在養育後代和修復身體以維持壽命兩件事情上，要如何分配能量呢？

說得極端一點，如果我們把所有的能量都放在生下後代，沒有能量用於修補身體，那麼我們的身體在第一個兒女出生之後、養育之前就會老化腐壞了。另一個極端是如果把能量全部都用在維持身體運作順暢，我們說不定可以活得比較久，但是就沒有能量用在生兒育女這樣耗費能量的事情上了。

所以說，天擇要做的是調整，好讓一個物種能夠恰當地分配能量，用在身體修復和生兒育女上，好讓一生能夠留下的後代數量達到極大值。這個結果使得生活史中的壽命長度與生殖特徵達成平衡，這種平衡會隨著物種不同而有差異。

例如，兩個月大的小鼠便能夠生育，但是人類出生後至少要過十幾年，身體才能成長到足以生育。小鼠就算吃得好、照顧周全，要很幸運才能活滿一歲；相較之下，吃得好、照顧周全的人類如果在七十二歲前就死亡，便算是不幸。

人類這樣出生多年之後才能夠生育的動物，必須要把許多能量用在修復身體上，才能夠活到能夠生育的年紀。這樣的結果便是人類老化的速度要比小鼠慢得多，這可能是因為我們修補身體的效率比小鼠高得多。（要記得，我們身體的修復和維持往往是定期更換細胞，這些過程是看不見的。）人類投資到修復身體的能量比例如果像小鼠那麼低，那麼在青春期之前便會死亡了。

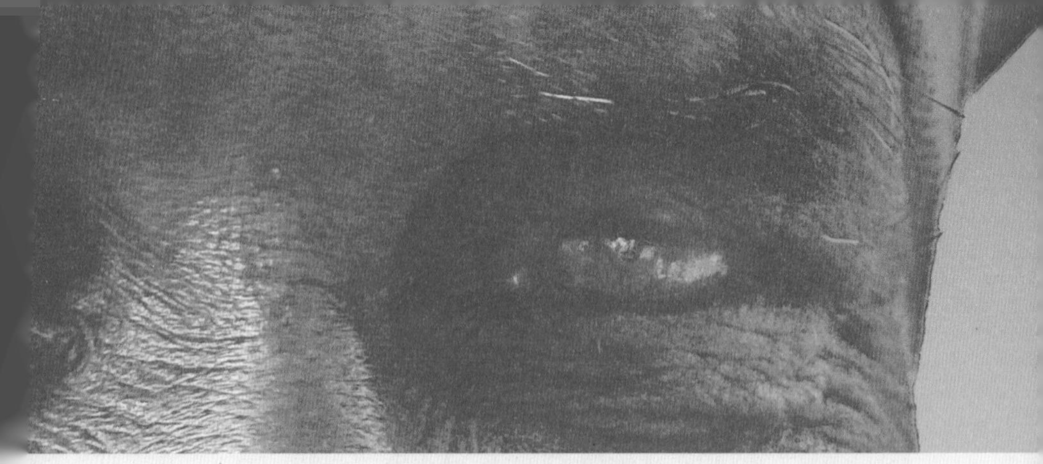

造成老化的原因

老年學（gerontology）這個領域的科學家所研究的主題是老化，重心放在年老與死亡的生理面向，他們想要找出老化的成因，不論是一個或多個成因。不過演化生物學認為他們可能會徒勞無功，並沒有一個或數個引起老化的原因，相反的，天擇應該會讓身體所有的系統以同樣的速度老化，所以老化之後接著死亡，是因為有許多改變同時發生了。

維持身體運作需要消耗許多資源，因此如果身體有些部位快速損壞，就沒有必要消耗資源維持某一個完好的部位了。有些部位或是系統損壞了，身體其他地方都好好的，如果修復這些

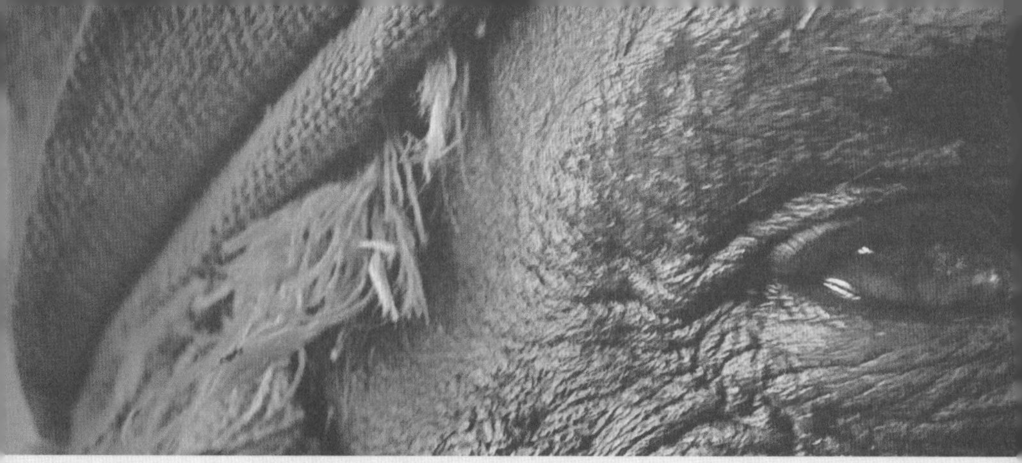

部位能夠大幅增加預期壽命，那麼也就沒有理由不去修復這些損壞，天擇不會犯下這種沒有意義的錯誤。最好的策略是不論用怎樣的速率修復身體各部位都可以，但是最後要讓各部位同時毀壞。

我相信，比起生理學家一直在尋找的單一「老化因素」，這個從演化切入的「同時毀壞」，更貼切描述了我們身體的命運。絕大多數的人年老時，牙齒會磨損掉落、肌肉力量會減弱，聽力、視力、嗅覺和味覺都大不如前。心臟衰弱、血管硬化、骨質疏鬆、腎功能衰退、免疫系統下滑、記憶減退等，也都是常見的老化症狀。看來演化是刻意這樣讓身體所有的系統一起崩壞的。

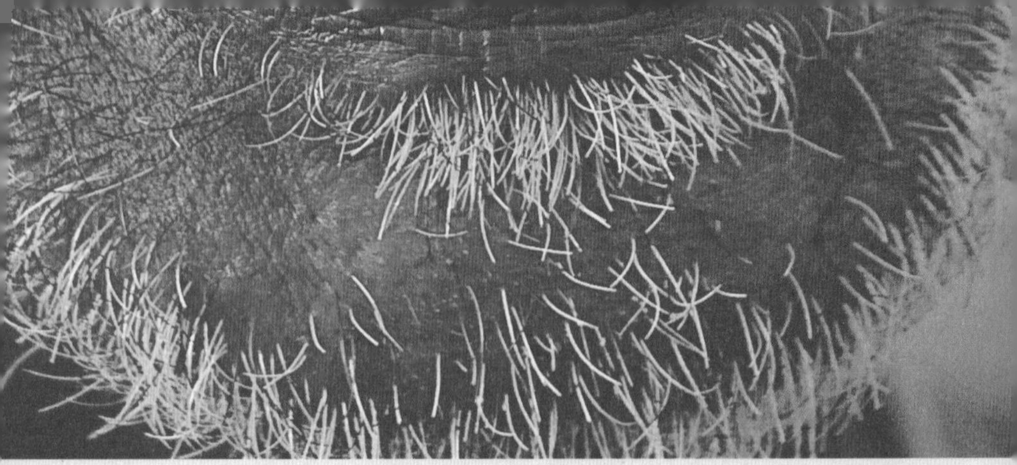

從現實面來看，這個觀點讓人大失所望。如果有單一一個或是主要的老化原因，那麼矯正這個因素的方式就可能當成青春之泉。但是天擇不會讓我們的身體只因一種方式衰退，也就不會只有一種簡單的治療方式了。這樣可能也好，如果我們都可以活數百歲，那麼多出來的時間要做什麼呢？

生育時期結束後的生命

演化可以解釋老化的一些事實，其中有一個人類生命獨有的特徵可做為重要的例子，這個特徵便是人類在生殖能力消失之後仍然能夠活一段很長的日子。演化的動力是讓一個個體的基因傳到下一代。其他種類的動物很少在失去生殖能力之後還能活著的。當生殖力喪失，大自然之後的安排便是死亡，因為既然不能繼續產生後代，那麼持續修補身體，便沒有演化上面的好處。

那麼為何人類女性在更年期之後還可以活幾十年？以及人類男性在過了忙於當父親的年紀後，還能夠繼續活著呢？

答案在於人類有照顧子女的工作。在人類這個物種中，要密切照顧子女的時間長到極為不尋常：將近二十年。就算是兒女已經成年了，那些年長者對於成年兒女依然非常重要，因為這些年長者會照顧孫子孫女，以及其他幼兒，這是他們對生存的貢獻。這種模式不但對於自己的子女和孫子孫女有利，也對整個部落有貢獻，特別是在書寫文字發明出來以前，重要的知識都儲存在年長者身上。因此，大自然會設計讓我們在比較年長的時候，依然可以自我修復，就算是女性經過更年期之後無法再生孩子時也一樣，這是很合理的。

但是，那為什麼天擇要讓女性有更年期呢？大部分的哺乳動物，包括人類的雄性、大猩猩和黑猩猩的兩性，在衰老的時候，生育能力都只是慢慢地減退，最後消失，只有人類女性的生殖能力是突然消失，有所謂的更年期。天擇為什麼不喜歡讓女性的生殖能力一直維持下去到生命的終點呢？

女性會有更年期，可能是其他兩個人類獨有的特徵所造成的。其中一個是人類女性生產時面臨的風險非常高，和其他的物種相較起來，人類嬰兒體重和母親體重之間的比例算是很高的，這使得生產特別困難，甚至會危及性命。在現代醫學發展出來之前，婦女甚至會因為生產而死亡。雖然目前這樣的事情比起之前少多了，但依然會發生。在其他靈長類中，死於生產是非常罕見的。

另一個特徵是母親死亡也會對子女造成危險，因為子女需要父母悉心照顧才能長大，而且要照顧得很久，就算是子女不再需要餵奶，能夠採集與狩獵的母親死亡了，意味著子女也很可能會跟著死亡，到了子女稍微長大一些的後童年期，情況依然不變，其他的靈長類沒有這種狀況。

能夠採集與狩獵食物來養育子女的母親，當她們擁有好幾個子女，每次一生產，子女的性命便也陷入了危機之中。當子女逐漸長大，母親對於每個孩子的投資也跟著增加。在此同時，隨著年紀的增長，她死於生產的風險也跟著增加。換句話說，女性每次懷孕，她的子女所面臨的危險就愈來愈嚴重。當母親有三個子女嗷嗷待哺，生第四個小孩就等於把那三個小孩放入成為孤兒的危機之中。

這些危機可能讓天擇驅使更年期出現。女性失去了生殖能力，能夠確保她對於已有子女的投資。但是生孩子對於父親來說並沒有死亡風險，所以男性沒有演化出更年期。更年期就和老化一樣，如果不從演化的角度來看，就無法瞭解人類生活史中為何會有這兩項特徵。更年期甚至有可能在六萬年前才演化出來的，在那個時候，克羅馬儂人和其他身體結構和現代人一樣的人類通常才能夠活到六十歲，或是更久。

光是文化上的適應，例如具備了取得食物和對抗掠食者的工具，並不能夠讓現代人類的壽命增加，還需要身體上的適應：更年期與身體自我修復能力的增加。不論這樣的生物性變化發生在大躍進或更早的時候，這種生活史中的改變，都讓第三種猩猩變成了人類。

Keneichi
Japanese
Sugar Plantations
Sugar cane grows in tropical coun
It is a native of India.
The first sugar plantation on this
was started at Koloa on the island of
A Flume in the Cane-fields

PART THREE

獨特的人類

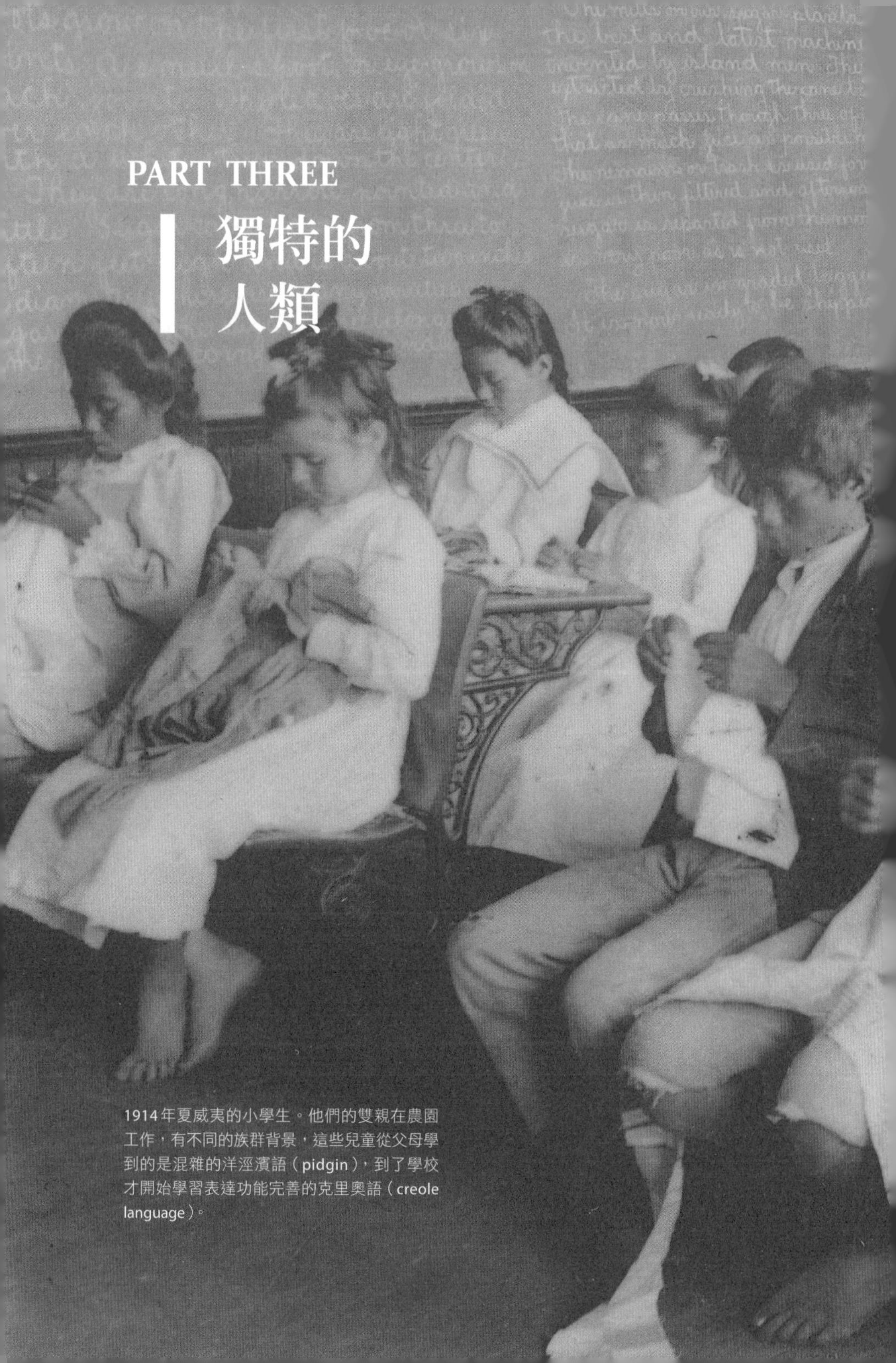

1914年夏威夷的小學生。他們的雙親在農園工作，有不同的族群背景，這些兒童從父母學到的是混雜的洋涇濱語（pidgin），到了學校才開始學習表達功能完善的克里奧語（creole language）。

在第一部和第二部中提到，人類有些獨特的素質是有生物基礎的。人類比較大的腦和能夠直立步行，都是由基因決定的，身體和生活史的一些特徵也是如此。

不過，如果人類獨特的素質只有那些，就還不足以與其他動物產生明顯的差異。鴕鳥直立步行，有些動物的腦相較於身體來說也非常大，海鳥也和人類一樣會群聚生活，和人類一樣享有長壽的動物還有龜類。人類特有的文化素質，是建立在遺傳基礎上的，這些賦予人類強大力量的文化素質，包括了口說語言、藝術、利用工具發展科技，以及農業。

如果我們在這裡打住，便只是單方面地看到人類特質正面的那一面。考古學的研究指出，農業的發明其實不全然是好的，因為農業使得某些人得到好處而讓許多人受到嚴重的傷害。人類還有其他更黑暗的特質，其中之一是濫用化合物，我們有使用毒品的傾向。不過這種特性至少還不會威脅到人類這個種族的續存。在第四部和第五部中會討論到人類兩種起因於文化的行為，會威脅人類的生存。其中一種是集體屠殺，就是把某一群人全部殺光；另一種是消滅其他物種，這往往是伴隨著環境破壞而發生的，而這環境也是人類棲息的地方。這些特徵讓我們深感不安。這是人類偶爾不自然的突發狀況，還是屬於我們深以為傲的人類特徵呢？

這些人類的素質，不論好壞，都不可能憑空而來。對於這種種素質，我們需要提出問題：這種素質是從動物中哪種行為衍生出來的？我們能夠在人類的譜系中找出這種素質出現的時間與演化的方式嗎？在接下來的四章中，我們會從這些角度討論語言、藝術、農業和濫用化合物這四個特質，它們有的高尚、有的同時帶來利益與破壞，有的只會造成輕度的傷害。在這一部的最後，會檢視找尋外星智慧生命的工作，並且從地球上對於啄木鳥的研究，瞭解到宇宙中其他生命可能的樣貌。

第6章

語言的奧祕

我們沒有時光機

動物也會溝通，但是人類的語言和動物發出的聲音之間的差異，是一條難以跨越的鴻溝。要怎樣才能跨越呢？人類從不會說人類語言的動物演化而來，所以語言一定是慢慢演化出來的，同時一起演化的還有我們顱骨的形狀，或是我們使用工具、創造藝術的能力。

但是非常不幸，語言的起源要比人類顱骨、工具或是藝術的起源更難探究。說出來的話語馬上就消失了。我經常夢想能夠有一臺時光機，讓我能把錄音機送到人類祖先的營地。我可能會發現南猿這種數百萬年前的似人猿類，發出的聲音和現在的黑猩猩沒有多大差別。直立人可能會使用單一詞彙，然後在一百萬年後進步到使用由兩個字彙組成的句子。在大躍進前，智人或許能夠說出更長的句子，但是沒有什麼文法，要到了大躍進時期，完整的現代語言才姍姍來遲。

當然沒有辦法取得時光機，那麼有希望能夠追溯語言的起源嗎？透過兩個知識快速增加的領域，讓我們能夠在動物的聲音和人類的語言之間，打造出跨越鴻溝的橋梁。

首先，我們看這座橋梁連接在動物的那個部分。這個研究方向讓科學家開始研究野生動物對於聲音的利用方式。動物會用高呼、低鳴、呼嚕等各種聲音溝通。我們開始瞭解動物在發明語言這件事情上，到底能夠走到多遠。

然後我們要看一下這座橋梁靠近人類的這一邊。人類現存的語言，全部都比動物的聲音要先進、複雜得多。不過有一種人類的語言，可能藏有一些蛛絲馬跡，能夠指出人類發展語言初期所經歷的過程。

傾聽非洲綠猴的聲音

鳥會鳴唱、狗會吠叫，許多人幾乎每天都有機會聽到動物發出的聲音。現在我們有了新的技術和工具，能夠更深入探索動物的聲音，這些新科技包括能夠捕捉野生動物聲音的高品質錄音機、分析聲音細微變化的電腦軟體，以及對動物播放出這些聲音好觀察動物反應的設備。科學家發現，動物以聲音溝通的方式，比半個世紀前人們所想的更接近語言。

目前研究得最透徹的「動物語言」是非洲綠猴，這種猴子大小和貓差不多，棲息在非洲。野生的非洲綠猴會住在樹上，在莽原或雨林中的地面也住得一樣自在。和其他的動物一樣，牠們也經常面對那些如果能有效溝通便能提高生存機率的情況。

野生的非洲綠猴死亡，有四分之三是掠食者造成的。如果你是一頭非洲綠猴，分辨猛鵰（martial eagle）和白背兀鷲（whitebacked vulture）是攸關生死的事。兩者的體型相近，前者是殺害非洲綠猴的主要兇手，後者只吃屍體，對活著的猴子無害。當一頭猛鵰出現的時候，你得採取防衛態勢，並且通知有血緣關係的伙伴。如果你不能認出那是猛鵰，你自己會死。如果你無法通知伙伴，那些帶有和你相同基因的猴子會死。如果你把兀鷲看成是猛鵰而從樹上跑到地面，那麼你就浪費了能夠在樹上收集食物的時間。

除了掠食者之外，還有其他問題。非洲綠猴彼此有複雜的社會關係，牠們過著群居的生活，並且會和其他群體爭奪領地。如果你是一頭非洲綠猴，得要能夠分辨從其他群體入侵的猴子，從別的群體來的猴子和你沒有親緣關係，牠可能會偷取食物，和你有親緣關係的猴子可能會幫助你。如果你遇上麻煩，得把這個狀況通知和你有親緣關係的猴子，而不是其他群體中的猴子。同時還需要使用聲音告知有可口果實和種子的地點。

科學家研究這些非洲綠猴後發現，牠們會特別發布關於掠食者的訊息。當非洲綠猴遇到花豹或是其他大型貓科動物，雄猴會連連發出大叫，雌猴會發出高頻的尖叫，所有

的猴子聽到了，可能都會跑到樹上。非洲綠猴看到頭頂上的老鷹，則會發出由兩個音節組成的咳聲，聽到的猴子會往天空看或是跑到樹下。如果看到了蟒蛇或是其他危險的蛇類，會發出一種獨有的叫聲，讓其他的猴子用後腿站著，找尋蛇的蹤跡。

非洲綠猴的「字彙庫」絕對不只有這三種叫聲。如果狒狒、土狼、鬣狗或人類靠近了，牠們會發出其他比較微弱的叫聲。牠們彼此互動的時候，也會發出咕嚕聲。就算是對研究牠們多年的科學家來說，這些咕嚕聲聽起來也都一樣，不過用電子儀器測量，顯示這些咕嚕聲是不同的。對群體中地位高的猴子發出的聲音和地位低的不同，看到其他的猴子或是敵對群體的猴子時，咕嚕聲也不一樣。

我們要怎麼才能知道這些叫聲的意義呢？這些叫聲會不會只是因為害怕和警覺時自然發出的聲音，就像是人類看恐怖片時發出的尖叫呢？不管旁邊是否有人都會發出的聲音？我認為有好幾個理由可以證明非洲綠猴是為了溝通才特別發出不同的聲音的。

其中一個證據是科學家觀察到有一頭單獨的非洲綠猴遭到花豹追捕將近一小時，在整個艱苦的過程中，都不發出叫聲。因為沒有其他的猴子在附近，所以沒有必要溝通。另一個證據是母猴如果和自己的兒女在一起時，會發出比較多叫聲，和無關猴子在一起時，就比較少叫。最後當兩群猴子

右頁圖：
帶著小猴的雌非洲綠猴。當母猴帶著自己的小猴時，會比與其他猴群在一起時，發出更多種警告聲，表示有花豹或是其他掠食者靠近。

對打時，快要戰敗的那一方會發出「花豹警告」叫聲，可是附近並沒有花豹。這是一種欺騙性質的「暫停」手段，好讓戰鬥暫時停止。除此之外，年輕的猴子會學習發出聲音，並且對聲音有適當的反應，就像是人類的嬰兒。年幼的猴子在成長的過程中，「發音」會愈來愈標準，對各種叫聲的反應也愈來愈成熟。

非洲綠猴會發出「字彙」或是「句子」嗎？那個「花豹警告」的意思是「花豹」，或是「有一頭花豹」，還是「小心花豹」？還是「我們爬上樹避開花豹」？可能都有這些意思。我一歲的兒子馬克斯說「果汁」時，我非常高興，雖然我知道他的意思是「給我果汁」。後來他年紀大一點，才會使用更多音節，顯示出句子與單純字彙之間的差異。現在還沒有跡象顯示非洲綠猴達到了後面這個階段。

「說話」的猿類

比起猴子，猿類和人類的親緣關係更接近，牠們也會發出聲音。不過野生的黑猩猩和其他猿類從喉嚨發出的聲音，要比非洲綠猴更難研究，因為猿類的領域大得多。從捕捉到的猿類所得的研究結果，無法重現黑猩猩族群在野外所展現的溝通能力，因此，我們才剛開始瞭解野生猿類運用牠們自然「語言」的方式。有另一種不同的方式，可以幫助我們或多或少瞭解猿類的溝通能力。

有幾群科學家花費了許多年，訓練捕捉到的大猩猩、黑猩猩和巴諾布猿瞭解並且使用人類創造出來的語言。這些科學家利用大小和顏色不同的塑膠片，做為文字的符號，他們也利用了類似聽障者使用的手語，以及把每個鍵當成不同符號的鍵盤。猿類可以經由這種種方式，學習到最多數百個符號的意義。至少有一頭這樣的巴諾布猿或是矮黑猩猩，能夠瞭解許多口說的英語，但是並不能說英語。這些研究指出，猿類的心智能力足以運用許多字彙。

猿類由於聲道的構造和人類不同，無法發出許多母音和子音，因此野生猿類的字彙不可能如同人類所使用的那麼多。不過我還是認為黑猩猩和大猩猩的字彙數量要比非洲綠猴的多。猿類可能會使用幾十種「字彙」，包括用來指稱個別的動物。這個領域中新的知識不斷累積，令人興奮。對於人類和猿類之間詞彙數量的差異，我們應該抱持開放的態度。

誰咬誰？

人類不只有數千個代表不同意義的字彙，還能夠組合文字，並且根據文法規則改變文字型態和句法。文法讓我們能夠以數量有限的字彙，創造出幾乎無限多的句子。

為了瞭解句法的重要性，我們可以看下面這兩個句子，構成這兩個句子的字彙是一樣的。

「你饑餓的小狗咬了我老母親的腿。」
「我饑餓的母親咬了你的老狗的腿。」

如果人類的語言中沒有文法規則，那麼這兩個句子的意思會是相同的。大部分的語言學家（研究語言結構的專家）認為，動物發出的聲音如果沒

有文法規則，那麼不論有多麼大量的字彙，都不能算是語言。

有動物會使用文法嗎？到目前為止還沒有發現非洲綠猴的呼叫聲有句法。卡布欽猴和長臂猿的確會發出特殊聲音組合或是順序的叫聲，但是我們還不知道這些聲音的意義。最近的一些發現指出，雀鳥的叫聲可能有某種句法，其他鳥類的叫聲可能也是，但是還需要更多的研究才能證明。

黑猩猩是野生動物中最有可能使用文法的，不過我懷疑真的有人會認為牠們能夠演化出人類文法般複雜的結構。人類的文法中有介系詞，有表示過去現在和未來的時態，還有其他結構。動物是否演化出句法，還是一個懸而未決的問題。

語言之橋：人類這一邊

動物溝通方式和人類溝通方式之間的差距的確很大，但是科學家愈來愈瞭解連接的橋梁在動物那一邊是如何搭建的，現在讓我們看看從人類這邊是如何搭建的。我們已經發現了複雜的動物「語言」，那麼原始的人類語言依然還存在嗎？

為了瞭解原始語言可能的樣貌，我們來看看一般的人類語言和非洲綠猴所發出的聲音有哪些差別。其中一項差別是人類的語言有文法，文字遵守文法規則，組成句子。第二個差異是非洲綠猴所發出的聲音代表看得到的事物或是可以進行的動作，例如「猛鵰」或是「小心猛鵰」，但是人類所說的文字中，有一半並沒有指稱能夠看到的事物或從事的行為，例如「和」、「因為」和「應該」。

第三個差異是人類語言的結構具有層次，是由聲音、音節、字彙、片語和句子等不同階層所構成的。每個階層建立在下面的階層之上，也比下面的階層更龐大。在最底下的階層，是我們能夠發出的幾十種聲音，在上面一層，這些聲音組合成許多不同的音節，音節再組合成數千個字彙，字彙根據文法規則串聯成片語，片語相連能夠組成數量幾乎無限的句子。

已知最古老的文字是大約五千年前留下來的，已經和現在的語言一樣複雜了，這意味著人類的語言在那之前就已經和現代語言同樣複雜。有任何現存的人類使用簡單的語言，好讓我們能夠一窺語言演化的早期階段嗎？

答案是沒有。在現代世界中，有些狩獵－採集者和其他尚未進入工業時代的群體，依然使用石器時代的工具，或是最近才開始工業化，但是他們說的語言，已經和現在的語言或五千年前的書寫文字一樣複雜了。要瞭解人類語言的起源，要從別的方式入手。

新語言誕生的方式

有一種研究方式所提出的問題是：如果有人從來沒有聽過演化完備的現代語言，光靠他們自己，就能夠發展出原始的語言嗎？

事實上，遠離其他人單獨成長的兒童，並不會發明或是發現自己的語言。但是在現代，有整群兒童在成長的過程中，聽到成年人說著非常簡單的語言，這種語言簡單的程度，相當於兒童兩歲時的語言，這種情形發生過幾十次。那些成人說的粗糙語言是洋涇濱語（pidgin），聽洋涇濱語長大的兒童會發展自己的語言，複雜的程度要遠超過非洲綠猴用來溝通的聲音，也勝過洋涇濱語，但還是比一般人類的語言簡單。這些第二代所發明的語言稱為克里奧語（creole language）。

加勒比海上瓜德羅普島的（Guadeloupe）克里奧語，這塊牌子上寫的是：「兒童嬉戲，減速慢行。」

為什麼那群成年人說話像是兩歲的小孩？洋涇濱語是操不同語言的人需要彼此溝通時誕生的語言，例如當世界上某個區域的人在其他地方殖民的時候，在自己所屬的群體內，便說母語；和來自其他群體的人溝通時，便使用洋涇濱語。十九世紀初期說英語的商人和水手抵達新幾內亞的時候，便是如此。

那個時候，新幾內亞的人共有約七百種語言，不論是英國人或是新幾內亞當地人，要跨越群體溝通，必須要有一個大家都能夠使用的共通語言，用簡單字彙組成的洋涇濱語便發展出來了。隨著時間，當初粗糙的洋涇濱語已經演化成更進步的克里奧語，現在稱為新美拉尼西亞語（Neo-Melanesian）。在新幾內亞，新美拉尼西亞語不只常用於對話之中，許多學校、報紙、媒體與政府活動都使用這種語言。

洋涇濱語如何演變成克里奧語？我們先來看洋涇濱語的運作方式。洋涇濱語和一般語言比較起來，發音、字彙和句法都很貧乏。洋涇濱語的初期階段，只有名詞、動詞和形容詞，日常對話都是由少數幾個字串聯而成，幾乎沒有文法規則規定字彙的排列方式或是時態格式。洋涇濱語這種語言是所有人都能夠自由改變的，使用不同語言的人會有不同的使用方式。

如果成年人平時說母語，只在偶爾必要的場合說洋涇濱語，那麼洋涇濱語就會停留在原本粗糙的形式。但是如果一整個世代都使用洋涇濱語，把它當成母語，並非僅僅用在交易場合，而是所有社會互動都使用洋涇濱語，那麼洋涇濱語會演化成克里奧語，具有比較多的字彙，加上更複雜的文法。

即使沒有主管單位設定新的文法規則，洋涇濱語仍將變得更龐大，文字語句的意思也會更清晰、明確，最後成為克里奧語。雖然克里奧語要比一般語言簡單，但是它已經足以表達一般語言能夠傳達的想法內容，洋涇濱語則難以表達稍微複雜一點的內容。

夏威夷兒童創造的新語言

十九世紀末，美國人在夏威夷有甘蔗田，這些農場主人從中國、菲律賓、日本、韓國、葡萄牙和波多黎各引進勞工。在這樣的語言大雜燴中，一種以英語為基礎的洋涇濱語出現了。移民工人在自己所屬的群體內說的是母語，和其他群體的人則利用洋涇濱語溝通。

下面是一九〇〇年前後來到夏威夷的人所說的洋涇濱語：「我卡皮買，我帳單付。」「卡皮」是「咖啡」的意思。這個簡單的洋涇濱語有兩個截然不同的意思，可以是「他幫我買咖啡，他付帳」，也可以是「我買咖啡，我幫他付帳」。這個對話的兩方會依據當時做的事或說的其他話語判斷這句話的真正意思。

能用洋涇濱語溝通的事物很有限，但是夏威夷的工人並沒有改進他們使用的洋涇濱語，這對夏威夷出生的移民兒女來說是個問題。有些小孩在家就聽洋涇濱語，因為他們的雙親來自於不同族群。就算雙親在家說相同的母語，小孩也沒有辦法用母語和其他群體的小孩和成年人溝通。社會階級阻礙了工人的小孩與田地主人的交流，因此也沒有機會學習英語。

小孩的解決方式是把農場中使用的洋涇濱語轉變成完整的克里奧語，而且只花了一代就辦到了。有一位研究人員在一九七〇年代和那些工人階級的夏威夷人訪談，因為這些老人家依然說著當年年輕時所聽到與學習的語言，所以研究人員能夠追蹤洋涇濱語轉變成克里奧語的步驟。他發現轉變約從一九〇〇年開始，到

一九二〇年便完成了。

夏威夷的年輕人用克里奧語表達更複雜的想法，那些句子傳達出單一而且明確的意思。例如「最先抵達這裡的日本人是從日本逃出來的」，或是「有天有很多魚從山上（的河）流下來」。

夏威夷的兒童在學習語言時，以洋涇濱語為基礎，創造了克里奧語。他們彼此溝通時，文法也演化出來了，結果是創造出和英語有些不同的語言，這種語言也和其他工人的母語不同。這些兒童發明了一種新的語言。

語言的藍圖

洋涇濱語轉變成克里奧語的過程，是一個自然的語言演化實驗。在現代世界中，這樣的實驗展開了數十次，時間從十七世紀開始到二十世紀，地點從南美洲、非洲到太平洋上的島嶼都有。

這些語言實驗的結果非常類似，絕大多數的克里奧語都具備了一些特徵，例如句子中主詞、動詞和受詞會依序排列，就像是你從洗好的一疊撲克牌中抽牌五十次，每次抽十幾張牌，都不會有紅心或鑽石，但是一定有一張Q、一張J和兩張A。這些不同地方、不同時期演化出的克里奧語，為何會這樣相似呢？

我認為最有可能的解釋，之前一些語言學家已經提出過了。他們認為人類在兒童時代具備了相同的語言學習藍圖，這張藍圖是遺傳下來的。換句話說，許多語言的結構是刻在基因中，由基因控制的，這個內在的語言結構可能造就了在克里奧語文法中一再出現的模式。人類在這個基礎上，慢慢發展出世界各地種種的完整語言。

現在我們把動物方面的研究和人類方面的研究綜合起來，說明我們的祖先如何從只能發出咕嚕聲到有莎士比亞寫作的十四行詩。在最初的階段，動物（例如非洲綠猴）叫聲具有特別的意義，而剛開始學走路的人類幼兒所發出的單一字彙，則代表下一個階段。這時人類發出的不再只是咕嚕聲，而是由母音和子音結合成的字彙，這種組合方式能夠創造出許多字彙。

下一個階段的代表是兩歲的人類。在所有的人類社會中，兩歲的兒童都能夠從發出單一字彙轉變到把兩個字彙連接在一起使用，然後逐漸增加。不過這些成串的字彙幾乎沒有文法，那些字彙也只有名詞、動詞和形容詞。兩歲兒童使用字串像是初期階段的洋涇濱語，或是其他知道如何使用符號的圈養猿類所創造出來的字串。

從洋涇濱語演變成克里奧語，也就是從兩歲兒童說字串演變成四歲兒童所說的句子，是重大的一步。在這一步中，前綴、後綴、文字順序等文法元素加入了進來，只具備文法功能而不是指稱真實世界中事物的字彙也出現了，例如「和」、「或」、「之前」、「假如」。在這個階段中，字彙會排列成片語和句子。這重大的一步可能引發了大躍進。

動物的溝通方式和人類的溝通方式之間，看似有不可跨越的鴻溝存在。現在有橋梁跨越這道鴻溝，我們已經找出這座橋梁的兩端，以及鴻溝中的一些踏腳石。語言是人類最獨特與重要的素質，這種素質和人類一樣，起源於動物世界。

黑猩猩「剛果」完成了一幅圖畫。雖然他和其他動物能夠繪製藝術品，讓藝術評論家留下深刻印象，甚至騙倒他們，但是這些動物都是人類圈養的。野生的黑猩猩似乎不會創造藝術，而牠們親緣關係最接近的物種則以藝術創造能力為傲。

第7章
藝術的動物起源

當其他藝術家看到西莉（Siri）的畫作時，馬上就決定把獎頒給她。著名的畫家德庫寧（Willem de Kooning）說：「這些畫作天才洋溢，果決又富有創意。」藝術專家與教授威特金（Jerome Witkin）說：「從這幅畫中可以看出畫家能夠掌握表現情感的筆觸。」

這位傑出的藝術新星是誰呢？威特金從畫作中認為她是女性，並且對亞洲的書法有興趣。不過他並不知道西莉身高兩公尺多，體重四噸，西莉是一頭亞洲象，她用鼻子捲住畫筆作畫。

事實上，西莉的藝術水準在大象中只能算是普通，野生大象經常會用鼻子在沙地上留下揮動的痕跡，圈養中的大象則經常用棍子或石塊在地面上留下刮痕。有一頭叫作卡羅的大象，繪製的畫可以賣到數百美元，許多醫生和律師辦公室的牆壁上，掛著卡羅的作品。

藝術可能是人類素質中最為獨特與高貴的，就像語言那樣，讓人類和其他動物區隔開來。不過語言是有目的的，而藝術沒有明顯的功能，它的起源總被視為崇高的謎團。

西莉的藝術創作和人類藝術家的作品之間有巨大的差異（舉例來說，她並沒有想要藉此和其他大象溝通）。不過，兩者之間的實際活動類似，而且創造出的成品甚至連專家都無法區別是否出自於人類之手。大象這種類似於藝術創作的活動，可能有助於我們瞭解人類藝術活動在最初的功用。

藝術是什麼？

如果我們要宣稱只有人類才能夠創造出真正的藝術，那麼人類的藝術和動物所創造出的類似產物有哪些差異呢？人類創作的音樂和鳥類的歌唱有什麼不同？我們可以說，人類的藝術和其他動物類似的作為有三個不同之處。

首先，人類的藝術沒有功利性目的，也就是沒有實際的用途。對生物學家來說，「用途」的意思是要幫助個體生存或是把基因流傳下去。第一個不同是人類的藝術並不能達到這樣的目的。相反的，鳥類的鳴唱能夠吸引伴侶、保衛領域，幫助鳥類把基因傳遞下去。

第二，藝術只能帶來美學上的歡愉，也就是對美的欣賞。字典上把藝術定義成「打造或製作呈現美的事物」。我們當然沒有辦法去問嘲鶇或是夜鶯牠們是否喜歡自己歌聲的形式或美麗之處，而且重點是牠們通常在繁殖季節才會鳴唱。顯然牠們鳴唱不是為了美學上的歡愉，而是為了求偶和保衛築巢的領域。

第三，藝術需要教授與學習，不是經由基因傳遞的東西。每個人類群體都各自發展了自身獨特的藝術形式，需要經過學習才能創造與欣賞這些形式，無法遺傳。例如在東京和巴黎傳唱的傳統歌曲，一聽便能輕易區分出來，但是這些差異不是刻在基因裡面。法國人可以學日本歌，日本人也可以學法國歌。相較之下，許多鳥類能夠發出鳴叫，以及對於同種的鳴叫產生反應，是得自於遺傳。這些鳥就算是沒有聽過正確的歌，或只聽過其他鳥類唱的歌，一樣都能唱出正確的歌。

把這三個人類藝術不同之處記在心裡，現在我們看看其他動物藝術的例子。

猩猩藝術家

人類的藝術可能和西莉與卡羅的畫作相去甚遠，畢竟從演化的角度看，大象和人類的親緣關係並不接近，那麼和人類親緣接近的靈長類，能創造出怎樣的藝術呢？

圈養的黑猩猩、大猩猩、紅毛猩猩，甚至是猴子，都會畫畫，牠們能夠用手指或筆刷繪圖，或是用鉛筆、粉筆和粉彩筆畫畫。有頭叫作剛果的黑猩猩一天能夠完成三十三幅作品，他應該是為了自我滿足而繪畫的，因為他並沒有把成品拿給其他黑猩猩看，如果畫筆被拿走還會爆怒。剛果和另一頭黑猩猩貝奇（Besty）備受榮寵，一九五七年曾在倫敦開聯合畫展，剛果在隔年還開了個人展。

這些猩猩的畫作幾乎都賣出去了（買家當然是人類）。許多人類藝術家甚至沒有這樣值得誇耀的經歷。還有其他猿類的畫作混入了人類藝術家的作品展中，藝術評論家當然不知道那些畫是猿類的作品，發出了衷心的讚美。

有人把巴爾的摩動物園中黑猩猩的畫，拿給兒童心理治療師看，請治療師診斷繪畫者的心理狀態，當然沒有告訴治療師那些是猩猩的作品。心理治療師猜測一幅由三歲大雄黑猩猩畫的作品，是一個七、八歲大富攻擊性的男孩子繪製的；他們也猜想兩幅由一歲大雌黑猩猩畫的作品，是分別由兩個心理失調的女孩畫的。心理治療師對於性別的猜測都正確，只是想錯了物種。

這些由和人類親緣關係最接近的物種繪製的作品，讓人類藝術和動物活動之間的界線變得模糊。猿類的畫作和人類的畫作一樣都沒有明確的目的，只是用來自我滿足而已。不過有一個問題讓猿類藝術和人類藝術成為兩條平行線：猿類作畫是牠們被圈養時的非自然活動，野生的猿類不作畫。

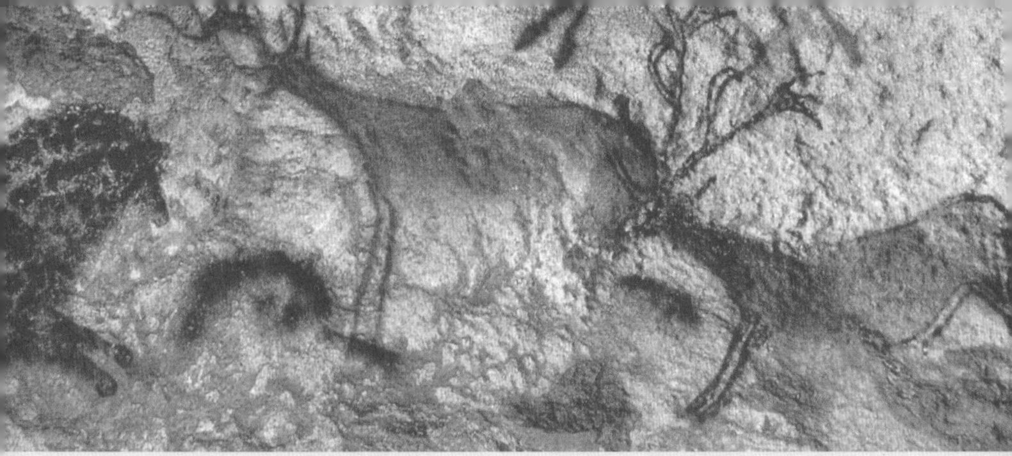

最古老的藝術

人類的演化譜系大約在七百萬年前和黑猩猩分開，之後的六百九十四萬年中都沒有藝術。最早的藝術形式可能是木雕或身體彩繪，但是我們現在無法知道當時這些藝術的模樣，因為它們沒有以化石的形式保留下來。最古老的人類藝術遺跡是尼安德塔人骨骸周圍的花朵遺跡（可能是用以裝飾墳墓），以及在尼安德塔人營地中骨頭上的刮痕。我們不能確定尼安德塔人是否是刻意放置花朵，或是在骨頭上雕鑿。這些可能是藝術品，也可能只是巧合。

目前最古老的藝術證據是六萬年前克羅馬儂人在歐洲西部留下的，許多物品保存了下來，包括雕像、項鍊、笛子和其他樂器，最著名的是壁畫，畫中主角大多是動物，有些動物現在已經滅絕了。這些壁畫位於法國和西班牙的洞穴中。

鳥與美

如果我事先沒有聽說過園丁鳥，那麼見到那些遮陰棚時一定會認為是人造的，十九世紀的探險家就是這麼認為的。

清晨，我從一個新幾內亞的村子出發。村子中有圓形的木屋，花卉栽種得整整齊齊，人們佩帶著裝飾用的珠子。在叢林中，我突然見到一座編織得很美麗的小屋，高度大約一百二十公分，周長大約二百四十公分，有一個小門，大到足以讓小孩子進出。

小屋前面有一片綠色青苔，清理得很乾淨，上面放置了數百個天然物品，很明顯就是要拿來當裝飾的，其中占多數的是花朵、果實和樹葉，還有一些真菌和蝴蝶翅膀。顏色相近的物品放在一起，例如紅色果實放在紅色落葉旁邊。最大的裝飾品是門前一堆疊得老高的黑色真菌，以及幾公尺外一堆橘色真菌。所有的藍色物體都放在小屋中。

這個小屋不是兒童遊戲的場所，是只有松鴉大小的園丁鳥所打造並且加以裝飾的。只有新幾內亞和澳洲才有園丁鳥，一共有十八種，每種園丁鳥打造小屋只有一的目的：吸引雌鳥。雄鳥打造小屋是為了成家，當牠和雌鳥交配之後，雌鳥會負責築巢和養育後代，雄鳥則是盡可能和

右頁圖：

園丁鳥複雜又美麗的小屋。這種建築行為能夠演化出來並且維持下去，是因為能夠達成特定的目的。雄鳥建了出色的小屋，讓雌鳥知道牠是適合的交配對象。

更多雌鳥交配。

雌鳥通常成群結隊活動，逛附近的小屋，並且仔細觀察，之後才會選擇伴侶。牠們是經由小屋的品質、裝飾品的數量，以及小屋建造是否契合當地的樣式來判斷的，不同的區域有各自的小屋樣式。有些族群的園丁鳥偏好藍色裝飾，有些則喜歡綠色或灰色。有的地區的雄鳥不建小屋，而是建一兩座塔，或是兩邊有牆壁的通道，或是四面有牆的盒子。有些族群會用嚼碎的葉子或是自己身體分泌的油脂塗抹小屋。

這些因為區域不同而產生的差異，似乎不是由遺傳控制的，而是雄鳥在成長的過程中，看到了老鳥的建築。雄鳥會學習當地的裝飾風格，雌鳥也會學到這些規矩，好挑選雄鳥。

但是，雌園丁鳥去選一個用藍色果實裝飾小屋的雄鳥，到底有什麼好處呢？

動物沒有時間去和十個不同的伴侶生下十個後代，然後看看和哪一個伴侶能夠生下最多能夠存活的後代。牠們會走捷徑，會藉由交配訊息來判斷，這些訊息包括鳴唱、展現斑紋或羽毛的儀式，以及有裝飾品的小屋。動物行為專家激烈爭論，為什麼那些交配訊息代表了好基因？或是的確代表了好基因？

這樣想好了。當雌園丁鳥發現一個有著漂亮小屋的雄園丁鳥，這代表了什麼呢？這隻雄鳥一定得身強體壯，因為小屋的總重量是牠體重的數百倍，牠得從數十公尺外的地方把這些沈重的裝飾品拖回來。雌鳥知道這隻雄鳥「手藝」好，能夠把數百根樹枝編織成小屋、高塔或是牆壁。牠知道這隻雄鳥的腦筋好，這樣才能完成這個複雜的工作。牠也知道這隻雄鳥眼力和記憶力都好，這樣才能夠在叢林中找到必需的裝飾品。這隻雄鳥的地位應該要比其他雄鳥高，因為雄鳥會花許多時間破壞其他雄鳥的小屋，或是偷取裝飾品。只有勝利者能夠保有沒有遭受破壞、裝飾完整的小屋。

建造小屋是對雄鳥基因的測驗，面面俱到。就像是人類女性面對眾多追求者，讓他們先比賽舉重，然後較量縫紉技術，之後比下棋、眼力和拳擊，最後選擇優勝者當伴侶。

園丁鳥是怎麼演化出聰明利用藝術而達到如此重要的目的的？大部分追求雌鳥的雄鳥，會誇耀身體的顏色、歌聲，或是提供食物，好證明自己有好基因。新幾內亞有兩種天堂鳥更進一步，還會清理森林中的地面，好讓自己漂亮的羽毛更為凸顯出來。有一種天堂鳥做得更多，雄性在清理好的區域中擺上雌鳥築巢需要的材料，例如墊在巢中的蛇皮，或是能夠當成食物的果實。園丁鳥又進到下一步了。在園丁鳥演化的過程中，牠們學到那些裝飾品並沒有實際用途，但是這些無用的裝飾品依然可能代表基因優秀，因為這些裝飾品難以取得。

藝術是有目標的

知道了園丁鳥的例子之後，我們再次回顧區隔人類藝術和動物活動的三個特徵。這三個特徵是：藝術沒有實用價值、純粹是為了美學上的愉悅，以及需要學習而非天生的。

那些小屋的形式和人類的藝術形式都是學習而來，不是遺傳得到的，這屬於第三項特徵。至於美學上的愉悅，我們不可能得到答案，因為我們無法問那些園丁鳥在造小屋或是看小屋時是否覺得愉快。現在剩下的問題只有真正的藝術不具生物意義上的用途。但是就園丁鳥的小屋，完全不是這麼回事，那些小屋的確有追求與挑選性伴侶的功能。那麼，人類的藝術有任何生物功能嗎？能夠幫助個體生存並且把基因傳遞下去嗎？

藝術（包括了舞蹈、音樂和詩歌）通常能夠發揮引誘的功能，讓人開始建立情感關係，甚至進一步到性關係，這是直接的好處。不過對藝術品的擁有者來說，還有間接的好處。藝術品往往讓人一眼就能看出擁有者的地位，不論在人類和動物中，地位高的個體很容易就得到食物、土地和配偶。藝術往往也被視為具有才能或金錢的象徵，或是同時擁有這兩者。成功的藝術家能夠出售作品以換得金錢，甚至有的社會全部都在製作藝術品，用來交易給其他群體，換得食物。例如靠近新幾內亞的西亞西島（Siassi），如彈丸的小島上幾乎沒有可以耕種的土地，島上居民會雕刻美麗的木碗，其他部族的人會用食物換取這些碗。

藝術不只能對個人帶來利益，也有助於區分群體。人類一直分成一個個彼此競爭的群體，在群體中，個體需要倚靠群體中其他人員的幫助與保護。因此，如果在群體中要活得夠久、能夠結婚、生下小孩、傳下基因，所在的群體先得要能夠續存，團結合作的群體比較容易存活下來。群體需要獨特的文化才能夠使得凝聚力夠強，這些文化包括語言、宗教和藝術。換句話說，藝術賦予了團體與個人獨有的身分。

但是有些人只是喜歡藝術，並沒有利用藝術賺錢或求偶。從事藝術創作的主要目的難道不是為了個人的滿足感，就像是大象西莉和黑猩猩剛果那樣嗎？藝術創作的行為，一開始可能是因為這樣有用處，但是動物在安逸的時候，生存的問題已經在掌控之下時，便能夠把行為的目的擴張到原本的功用之外。

如果人類的藝術是為了給個人和群體帶來利益才演化出來的，那麼後來從事藝術的確有其他的目的。這些後來增添的目的包括了表達訊息（這或許能夠說明克羅馬儂人為何有獵物壁畫）、打發無聊（對於被圈養的大象和其他動物來說確實是個問題）、發洩神經壓力（對人類和動物來說都是），當然也能得到快樂。說藝術有功用，並不是說藝術就不能帶來愉快的感覺，事實上，如果我們不是已經設定好能夠享受藝術，藝術也不能夠帶來這些有用的效果。

為什麼藝術是人類的特徵，而動物沒有？現在我們或許能夠回答這個問題了。如果圈養的黑猩猩會畫畫，那麼在自然狀態下，牠們為什麼不畫？我認為答案在於野生的黑猩猩每天都要面對各種問題，包括尋找食物、求生存以及對抗其他敵對的黑猩猩群。如果野生的黑猩猩有更多的空閒時間，又有能力製造顏料，那麼牠們應該會畫畫。證據其實早就已經有了：人類的基因有九八・四％和黑猩猩一樣。

第8章

福禍相交的農業

有一件我們深信不疑的事情：人類最近數百萬年的歷史，是一個持續進步的漫長故事，事事都變得愈來愈好，特別是農業（種植農作物和飼養牲畜），許多人都相信現在的生活比較好，農業顯然是最重要的一步。但是最近的發現卻指出，農業的確是一座里程碑，它讓人類的生活變得更好，但也同時變得更糟。

農業大幅增加了我們能夠儲存的食物，這表示能夠養活更多人，但是農業也帶來了疾病，以及性別與社會階級之間的不平等，還有掌權者的殘暴統治。在人類發展的里程碑中，農業是福也是禍。它位於語言、藝術這些高貴特質，以及藥物濫用、集體屠殺、環境毀滅這些惡劣性質之間。

右頁圖：
1840年代，愛爾蘭發生了嚴重的馬鈴薯疫病，造成嚴重的饑荒。人們依賴單一食物來源，因此造成百萬人死亡。

晚近的發展

和語言及藝術相比，農業是很晚才發展出來的，大約在一萬年前才起步。農業發展的前幾個步驟，並不是刻意朝向這個目標的試驗，當時人類沒有想要馴化植物和動物。相反的，農業的出現，涉及到人類的行為，以及動物和植物因為這些行為產生的改變。

動物馴化的部分原因是人類把捕捉來的動物當成寵物圈養，另一方面是動物學到了待在人類附近能夠得到利益。例如狼學到跟著人類一起狩獵，能夠捕捉到受到人類傷害而行動不便的動物，而且人類有的時候會餵食或收養小狼。久而久之，有些狼的後代便愈來愈溫馴，最後演化成為家犬。家貓可能也是以類似的方式出現的。當人類開始收成並且儲存穀物，鼠類就學會了偷盜這些存糧，小型的野生貓科動物學到人類的住所是獵捕鼠類的好地方，然後人類學到了貓科動物可以用來消滅鼠類。

早期的植物馴化過程中，有一個行為是人類採集到了野生植物，種子便隨便丟棄，意外地「種植」了那些植物。在人們居住、進食或尋找食物的地方，這些植物長了出來，產生了可以吃的食物，後來，人們便開始刻意播種。

關於農業的傳統觀念

大部分美國人和歐洲人一開始都認同傳統的觀點，把農業看成好事，是進步的里程碑。我們能夠吃到豐富和多樣的食物，使用最好的工具，享有物質生活，壽命長度與健康時間的長度也是歷史之最。誰願意把這樣的日子和一萬年前人們的生活形式交換呢？

在人類歷史絕大多數的時間中，我們都是狩獵—採集者，食物是捕捉到的動物，以及採集到的植物。在傳統的觀點中，狩獵—採集者的生活形式是邋遢的，生命是短暫的，他們沒有種植食物，儲存的食物也很少，要一直努力尋找食物，沒有時間休息，不然就得挨餓。人類要到了冰河時期結束後，才能脫離這種悲慘的生活，那時世界各地的人群各自開始馴化植物和動物。農業革命迅速拓展，現在只有少數的狩獵—採集部落殘存。

在這種傳統觀點中，農業是進步。為什麼我們以採集與狩獵為生的祖先，幾乎都採用農業？當然是因為農業生產食物的效率更高，付出的勞力少。想想看那些野蠻的獵人，因為收集堅果和追捕野生動物而筋疲力盡，第一次看到結實纍纍的果園和滿是綿羊的草原，心裡有什麼感想。你認為這些獵人要花多久時間就能體會農業的進步之處？千分之幾秒？

這種傳統的進步觀念甚至認為藝術是有了農業才得以出現，因為農作物耐儲存，在園裡種植作物比在叢林中找食物省時間，因此之後才有在狩獵—採集時期所不具備的空閒時間，我們利用這些時間從事藝術創作。農業是人類得到的最佳禮物。

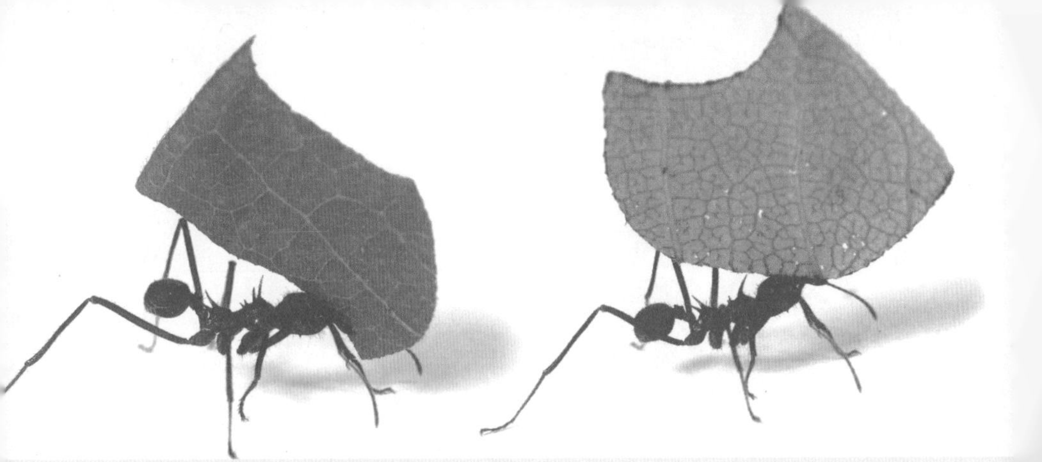

從事農業的螞蟻

人類的靈長類親戚沒有一種有從事一丁點類似農業的活動。動物世界中從事農業的先驅是螞蟻，牠們馴養作物和動物。

在美洲，有幾十種親緣關係相近的螞蟻從事農耕，牠們在巢穴中的園地培育特殊的酵母菌和真菌。例如切葉蟻會切下葉子，不是為了吃，牠們把葉子切成小片，刮除上面的真菌和細菌，然後帶回地底下的巢穴。在巢穴中，切葉蟻把葉子嚼得稀爛，混合上螞蟻的唾液與糞便，用來種植螞蟻最喜歡的真菌。這種真菌是螞蟻的主要糧食，有的時候是唯一的糧食。當蟻后分巢時，她會攜帶這種重要的菌種，就像是開拓新土地的人類移民會攜帶種子。

螞蟻也會馴養動物，牠們從多種昆蟲那邊取得蜜露，包括了蚜蟲、粉介殼蟲和毛毛蟲。這些昆蟲像是螞蟻的乳牛，螞蟻用觸鬚戳這些昆蟲，牠們便會把蜜露分泌出來。螞蟻會幫助這些「乳牛」對抗掠食者和寄生蟲，做為取得蜜露的回報。

人類馴養動物與植物的能力當然不是從螞蟻那裡遺傳過來的。螞蟻自己演化出農業，人類的農業是後來才演化出來的。

上圖：
切葉蟻採集葉片，用來培育當成食物的真菌。這些螞蟻是農耕者，那些葉子是土壤，真菌是作物。

狩獵—採集者的生活

認為農業是進步的觀念指出，農業讓我們活得更健康、更長久、更安全，給予我們閒暇與偉大的藝術。這種說法看起來很可信，但是難以證明。你怎麼真的能夠指出，一萬年前的人在放棄狩獵、從事農耕之後，過的生活就會比較好呢？

有一種方式是研究農業的散播速度。如果農業真的那麼棒，那麼傳播的速度應該非常快。但是考古學證據指出，農業在歐洲傳播的速度像是蝸牛那麼緩慢，每年傳播的速度將近一公里。在中東大約在西元前八千年開始有農業出現，然後慢慢往西北傳播，大約在西元前六千年抵達希臘，再過了二千五百年才抵達英國和北歐。速度之慢，根本稱不上是熱潮。

另一個研究角度是看現在的狩獵—採集者過的日子是否真的比農耕者糟糕。現在依然有狩獵—採集族群分散在世界各地，主要位於不適合農耕的地區，例如居住在非洲南部喀拉哈里沙漠的布希曼人，到了現在依然過著狩獵—採集的生活。讓人驚訝的是，這些狩獵—採集者依然有閒暇的時候，睡眠充足，工作的時間並沒有比鄰近的農耕者多。舉例來說，布希曼人每星期花在找尋食物的時間約為十二到十九個小時。問他們為什麼不和周圍其他部落一樣改從事耕作，他們回答：「為什麼要種植物？到處都還有很多孟

公果（mongongo）啊！」

不過，要從把農業視為進步的傳統觀念完全扭轉，站在完全對面的極端，說狩獵—採集者都過著悠閒的生活，也是錯的。食物不是找到就能夠吃，還需要處理，這也得花時間。只是認為狩獵—採集者要比農耕者工作更辛苦是不當的。

兩者的營養成分也不相同。農耕者的主食是米或馬鈴薯之類的農作物，碳水化合物占的比例很高；狩獵—採集者吃的是野生植物和動物，其中蛋白質比較多，其他營養成分也更均衡。狩獵—採集者比較健康、少生病，相較於只依賴數種農作物的農耕者，狩獵—採集者有各種食物可以吃，農耕者遇到收成不好就會食物短缺甚至挨餓。布希曼人吃的野生植物有八十五種，很難想像他們會饑餓至死。然而一八四〇年代在愛爾蘭，有種疾病侵襲了馬鈴薯，使得百萬農人和他們家人挨餓，因為馬鈴薯是他們依賴的主要作物與食物。

農業與健康

現代的狩獵—採集者，數千年來和農耕社會比鄰而居，但是在農業革命出現以前，狩獵—採集者過著怎樣的日子？遠古時代，那些人

右頁圖：
莫肯族的男孩。莫肯族現在依然是狩獵—採集者，他們擅長潛水。這些在海上漂流的人會在印度洋和東南亞的海岸移動，主要靠採集來的東西為生，也會和其他人交換生活所需的物品。

的生活會比轉成農業之後要好上許多嗎？

考古病理學家開始回答這些問題，他們專門研究古代人類遺骸上疾病的跡象。就以人類身高在歷史中的轉變為例，我們知道現代人的營養比較充足，讓我們比千年前的人要高，例如我們現在走過中古世紀城堡的出入口時，往往得彎著腰，因為當時的人營養不良，比較矮小。

數千年前遺留在希臘和土耳其的遺骸卻指出了完全不同的結果。在冰河時期，這個地區的狩獵—採集者平均身高是男性一七七・八公分，女性一六七・六公分。在西元前四千年，男性的平均身高約一六〇公分，女性為一五五公分。過了幾千年後，身高稍微增加了一點。但是現代希臘人和土耳其人的平均身高還沒有恢復到他們健康的狩獵—採集者祖先的水準。

有位考古病理學家說，美洲的狩獵—採集原住民的骨骼「非常健康，研究他們有的時候真讓人提不起勁」。但是當印地安人開始種植馴化的玉米，他們的骨頭就變得「有趣多了」。成年人平均牙齒蛀洞的數量從少於一個躍增為將近七個，牙齒脫落的狀況變得稀鬆平常。嬰兒的乳齒琺瑯質的缺陷顯示出哺餵乳汁的母親嚴重營養不良。結核病、貧血和其他疾病大幅增加。在開始種植玉米之前，約有五％印地安人可以活過五十歲，在有了玉米之後只剩下一％，大約有五分之一的人在一到四歲時夭折了。

人們通常認為玉米是來自美洲的恩賜，但實際上卻給眾人的健康帶來災難。世界上其他地區的骨骼研究，也得到了類似的結果。從狩獵—採集生活轉變為農耕生活，對於眾人的健康是不好的。

農業的負面效果，可以從三方面解釋。首先，狩獵—採集者的飲食內容多樣，有充分的蛋白質、維生素和礦物質；農耕者主要吃的是富含澱粉的作物。即使到了現在，人類這個物種有一半的熱量來自於小麥、稻米和玉米這三種碳水化合物含量很高的農作物。其次，只依靠一種或數種作物的農耕者在某種農作物歉收的時候，就可能會發生營養不良或是挨餓的狀況，例如愛爾蘭的馬鈴薯饑荒。

最後，現在大部分的人類傳染病和寄生蟲疾病是在人類轉換成農耕之後才流行起來的，這些致命的殺手在人口密集的社會才能夠持續存活，因為營養不良的人無法走遠，會反覆受到他人的傳染，或是被自己的汙物傳染。狩獵者族群的群體人口少、居住地點分散，營地又經常移動，那些在人口密集的狀況下才能爆發流行的疾病，是無法在這樣的族群中長久持續的。結核病、痲瘋病和霍亂都是等到人類因為農耕而有定居的村落之後才興起的。天花、黑死病和痲疹的歷史只有幾千年，它們是人類住在更為擁擠的城市之後才出現的。

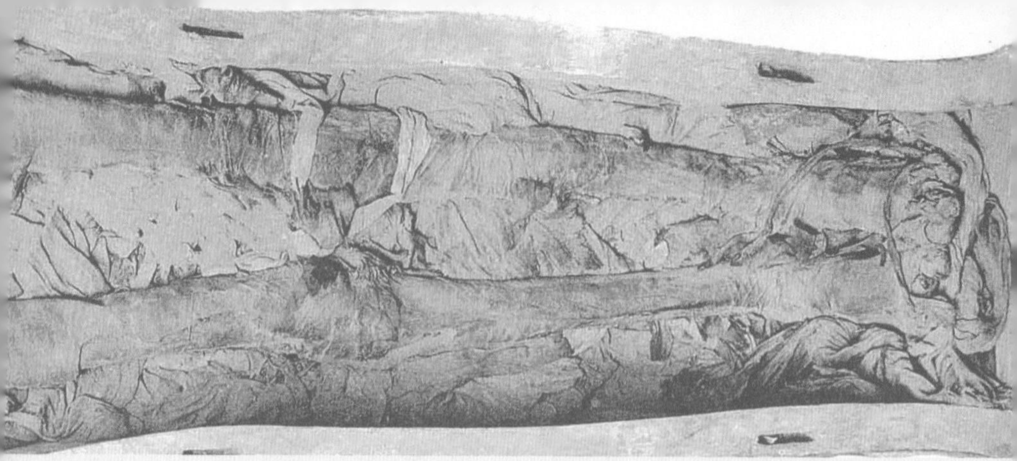

研究古代疾病的新科學

二十世紀晚期，一個新的科學領域出現了：古病理學（paleopathology）。這個名詞來自希臘文的字根（paleo），意思是「古代」，這是一門研究古代疾病的科學。古病理學家會研究人類的遺骸，看他們是否健康。

如果運氣好，古病理學家有很多研究可以進行。考古學家在智利的沙漠發現了保存良好的木乃伊，這些木乃伊的狀況好到科學家能夠驗屍以確定死因，就像是現在醫院進行的驗屍。

通常古病理學家能夠拿到的遺物只有骨骼，不過這些專家靠著骨骼就能夠推論出很多事情。

靠骨頭可以鑑定出性別、身高、體重，推算出

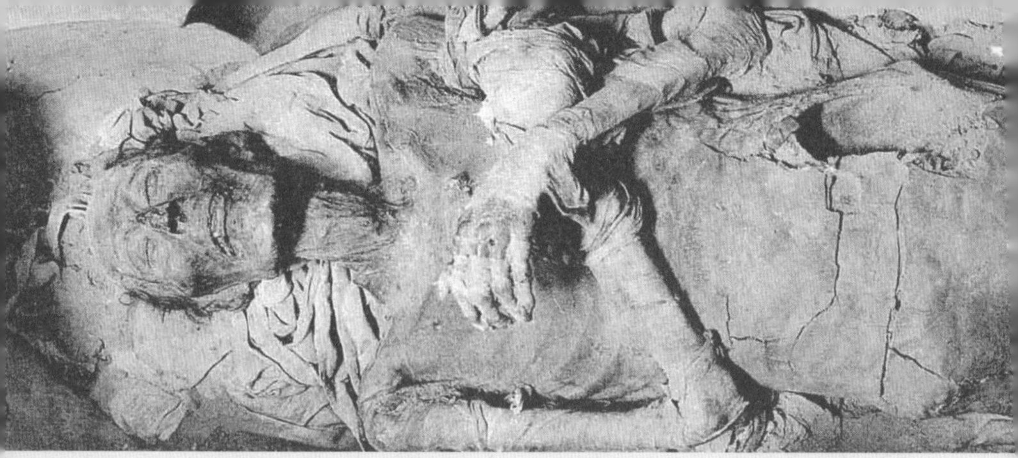

約略的死亡年紀。如果骨頭夠多，研究人員還能夠像人壽保險公司那樣，製作用來推算預期壽命和在各年紀死亡風險的表格，好知道某個特定族群的人通常能夠活多久。

古病理學家能夠經由各種年齡的人遺留下的骨骸，計算出生長速度，生長速度慢的原因可能是饑餓或營養不良。科學家也檢查了牙齒上的蛀洞（高碳水化合物的證據），或是牙齒上琺瑯質的缺損（兒童時期營養不良的證據）。最後，專家可以指認出骨骸上的傷痕是貧血、結核病、麻瘋或關節炎等造成的。那些死去已久的祖先能夠告訴我們他們生活的方式，以及死亡的原因。

社會階層

農耕也給全人類帶來另一個詛咒：社會階層。狩獵—採集者幾乎不會儲存食物，不會擁有果園或是獸群這樣能夠生產很多食物的手段，他們吃的東西就是每天得到的野生植物和野生動物，除了嬰兒、患者和老人之外，全部都要加入收集食物的工作。沒有君主，也沒有全職的專業者，社會上沒有不需要工作就能夠吃得腦滿腸肥的寄生蟲。

只有農耕族群能夠發展出這樣矛盾的狀況，一邊是容易生病的廣大群眾，另一邊是有錢有勢卻不事生產的菁英階級。在西元前一千五百年希臘墳墓中發掘出的骨骸讓我們能夠瞭解這種對比。遺骸上的跡象顯示皇族的飲食要比一般人好，例如皇族的骨架要比一般人高五、六公分。皇族的口腔中只有一個齲洞或是一個牙齒掉落，一般人則有六個。在南美洲的人類遺骸中也有類似的狀況。三千年前智利墓地中的木乃伊，其中菁英階級的屍體周圍有裝飾品，頭髮上有金飾。這些屍體骨頭上因為疾病而造成的損傷，只有一般人的四分之一。

狩獵—採集者過的日子要比現代還要好，這個概念對於大部分歐洲和美洲的讀者來說，會覺得荒謬，因為在現代工業化的社會中，大部分的人要比狩獵—採集者健康。不過這些人其實就是現代社會的菁英階級，他們倚靠石油和其他國家進口的資源維生，那些「其他」國家的人大部分都務農，他們的健康狀況都不好。

在工業社會和農業社會中，有些人的休閒時刻要比狩獵—採集者多，這個代價便是有許多人為了養活那些人而使得自己休閒時間減少了。農業使得全職的藝術家與工匠得以出現，這是毫無疑問的。沒有這些專業人員，我們也不可能打造出宮殿教堂這樣巨大的藝術品。不過在五萬年前，以狩獵與採集為生的克羅馬儂人就已經創造出了不起的繪畫與小型雕刻。在美洲西北部的印地安人依然過著狩獵與採集的日子，他們也創造了傑出的藝術品。當我們想到社會轉變成農業型態之後能夠讓莎士比亞和達文西這樣的專才得以出現，也不要忘記了，由專業殺手組成的軍隊也是這樣出現的。

史前時代的十字路口

農業能夠養活的人口比狩獵多，但是並不是每個人吃到的食物都比較多。在狩獵—採集社會中，人口密度低，一平方英里通常只有一個人或是更少，但是在農業社會中，人口密度至少增加了十倍。

「農業比較好」這個傳統觀念難以撼動的主要原因，可能是固定面積的土地上生產的食物增加了，這點毫無疑問，但是要吃食物的人也增加了。農業社會的人口增加速度要大幅高過狩獵－採集社會，因為在定居的社群中，女性通常每兩年就生一個孩子，狩獵－採集族群中的女性，四年才生一個孩子，因為母親要把孩子養得夠大，孩子才能跟著群體到處移動。

一萬年前，冰河時期結束時，有幾群人開始跨入農業生活，這讓他們的人口增加，之後他們的數量超過選擇維持狩獵－採集生活的群體。農耕者不是殺死狩獵採集者，便是驅逐他們，因為十個營養不良的農耕者還是會勝過一個健康的獵人。沒有採用農業的人群，便被驅趕到農耕者不要的土地上生活。

現代的狩獵－採集者，主要居住在那些不適合發展農業的區域，例如北極和沙漠。在人類這個物種的歷史中，狩獵－採集生活形態是最成功也是持續最久的，但只有少數人依然維持這種生活形態。

想像一個標示二十四小時的時鐘，每個小時代表十萬年。如果人類的歷史從午夜開始，我們現在則是位於一天將盡的時刻，那麼人類以狩獵－採集方式生活的時段，幾乎從午夜、清晨、中午，延續到落日，最後在十一點五十四分時，人類才開始農業生活。這種生活是無法回頭的。午夜就要再次降臨了，我們能夠找到方法在限制農業的詛咒同時，又能夠享受農業帶來的恩惠嗎？

第9章

爲何要抽菸、喝酒和吸毒呢？

原油滲漏、化學廢料四處傾倒、霧霾瀰漫、食物受到汙染。我們每個月似乎都會發現接觸到有毒化學物品的新途徑，不論是無心之過或是刻意的傷害。大家都對環境中出現了這些危險成分憤怒不已，但是，為什麼許多人還是會用有毒的化學成分傷害自己呢？

酒精、古柯鹼和香菸的成分中，具有毒性的化合物會傷害身體，為什麼許多人還是刻意要喝酒、抽菸和注射毒品？這種刻意自我傷害的行為，不論是原始的部落或是高科技的城市居民都一樣。在有文字歷史以來，人類濫用化合物的紀錄就不絕於書。濫用藥物為什麼會成為人類這個物種的標誌呢？

矛盾的自我毀滅行爲

當一件事情違背了邏輯或是常識，但卻是真實發生的，我們會說這很矛盾。濫用有毒化合物或是其他會自我傷害的行為就是矛盾的。有些危險或是會造成傷害的事情，人類明明就一清二楚，但還是會去犯。

難解的地方不是為什麼使用毒品的人會持續使用毒品，因為那些造成濫用的毒品是成癮性的，一旦開始使用，這些毒品能夠影響腦部，讓人持續使用。真正難解的地方在於開始使用毒品的原因。

酒精、香菸和藥物會傷害身體，甚至造成死亡，這些證據堆積如山，絕大多數的人都很清楚。那些自願甚至熱切盼望服用這些毒藥的人，應該都有一些很強烈的動機。如果是無意識之下的動機驅動我們去做這些明知危險的事，那麼這些動機是怎麼來的呢？

有很多種解釋。不同的人、不同的社會，有不同的解釋。有些人是為了加入朋友圈才喝酒的，有些人是為了麻醉情緒或減少悲傷，而有些人就是喜歡酒精飲料的味道。在不同的人類群體裡，以及在不同的社會階級中，能夠達到富足生活的機率也不同，這能夠說明某些毒品使用的分布模式。例如，愛爾蘭的失業率很高，造成自毀的酗酒人數就要比英國東南地區高出許多。

但是這些動機都沒有觸及矛盾的核心：為什麼人類會主動追求那些明知會造成傷害的化學成分？我認為另有動機，這個動機和其他許多動物自我傷害的特性有關，或許能夠解釋人類為什麼會出現自我傷害或是冒險的行為。

從長尾巴中找線索

我是在研究另一種完全矛盾的現象時，產生出這種想法的，這個矛盾的現象和鳥類的演化有關。我在新幾內亞看到雄性的天堂鳥時，非常好奇，因為有一種天堂鳥雄鳥演化出將近一公尺長的尾羽，在叢林中，這樣長的尾巴會讓飛行或走動更為不方便。

在其他種類的天堂鳥中，雄鳥演化出其他怪異的特徵，例如眉毛上方有很長的羽毛、炫麗的顏色，或是宏亮的叫聲。這些特徵對於鳥的生存是有害的，例如鮮豔的顏色和宏亮的叫聲，會吸引掠食者老鷹。不過，這些特徵也是宣傳手段，能夠幫助雄鳥贏得雌鳥的芳心。我和許多生物學家一樣，想要知道雄性天堂鳥為什麼要把這些有害特徵當成宣傳手段？為什麼雌鳥會受到這種有害特徵的吸引？

這時我回想起以色列生物學家札哈維（Amotz Zahavi）在一九七五年發表的論文。在這篇論文中，他提出了一個新的理論，解釋動物行為中那些浪費或是會傷害自身的特徵。他的想法是，正是因為雄性那些麻煩的特徵會影響生存，才可能會吸引雌性。突然我瞭解到札哈維的概念可以應用在我所研究的天堂鳥上，也可能解釋另一個我之前就注意到的矛盾：人類使用那些有毒的化合物，而且居然還在廣告中把抽菸喝酒美化成富有魅力的行為，可是我們明明就知道抽菸喝酒有害健康。

動物溝通的理論

札哈維的理論關注到了動物溝通這個涵蓋範圍廣闊的問題。動物需要快速地發出其他動物能夠輕易瞭解的訊息，這裡的其他動物可以是有希望交配的伴侶，也可以是掠食者。拿瞪羚來當例子說明好了。如果瞪羚發現獅子在跟著牠，為了瞪羚自己好，最好是發出一個獅子也能瞭解的訊息：「我跑得超快，你抓不到我，所以別浪費你的時間和能量。」就算這頭瞪羚真的跑得比獅子快，讓獅子先打退堂鼓，也可以省下自己的時間和能量。

但是瞪羚要發出什麼樣的訊息呢？牠不可能每次獅子出現時都表演百米衝刺。那麼用左側後腿刨地面，會是一個迅速又便利的訊號嗎？但是這樣的訊息其實很容易作假，因為跑得慢的瞪羚一樣可以產生這個動作，那麼獅子學到教訓之後便會忽略這種訊息了。這種訊息必須要讓獅子相信這個瞪羚的確跑得快。

瞪羚發出的訊息是「四腳彈跳」(stotting)。瞪羚不會全速跑走，而是慢慢跑，然後反覆跳高，四隻腳伸得直直的。乍看之下，這樣的動作對自己不利，浪費時間和能量，而且讓獅子有機會撲上來。

左頁圖：
這頭年輕的瞪羚為什麼要跳到半空中，吸引獅子的注意力？這樣看起來危險甚至招致毀滅的動作，其實可以保住牠的性命。人類許多看起來百害而無一利的行為，也是由本能驅動的。

札哈維的理論直指這種矛盾的核心。這類陷動物於危險狀況的訊號，不論是長尾巴或是四腳彈跳，就是因為是麻煩、不利的行為，因此更能顯示出發出這種特徵的動物是誠實的。不需要付出成本就能表現出的特徵，就會變成欺瞞的特徵，因為跑得慢、身體瘦弱的動物也能發出這樣的訊號。只有耗費成本或是可能造成危險的訊息，才能保證是誠實的訊息。跑得慢的瞪羚在獅子接近時如果做出「四腳彈跳」，等於斷送自己性命；但是跑得比獅子快的瞪羚就算是做出了「四腳彈跳」之後，依然能夠跑贏獅子。瞪羚經由「四腳彈跳」這個動作向獅子誇耀：「我跑得超快，就算是做出這個動作讓你先跑，我也逃得掉。」

在許多能當成訊息的行為中，瞪羚選擇了「四腳彈跳」，而且獅子也認為這樣的行為足夠誠實，表示那頭瞪羚的確跑得夠快。事實上，這些「選擇」是演化的結果，是由基因控制的。瞪羚和獅子如果能夠避免那些不必要的追趕奔跑，便能省下能量，這樣可以產下更多後代。演化生物學的基本道理在於受到遺傳控制的特徵和行為，如果能夠幫助生物留下更多的後代，那麼這個特徵便會散播。在這裡散播的特徵便是「四腳彈跳」。

札哈維的理論也可以應用在雄天堂鳥的長尾巴上。在長尾巴礙事的情況下依然能夠存活的雄鳥，其他方面的基因應該很棒。雄鳥證明自己長於找尋食物、避開掠食者，以及抵抗疾病。障礙造成的負擔愈大，就表示自己通過的考驗愈艱難。

雌天堂鳥挑選雄性的時候，就如同神話故事中挑選騎士的少女。少女會要求追求者去屠龍，如果能夠單槍匹馬殺掉龍，那麼少女便知道他的基因強大。騎士或天堂鳥顯露出自己不利之處，其實是誇耀自己的強大。

代價高昂又危險的人類行爲

我認為，札哈維的理論可以解釋為何人類費盡千辛萬苦，也要取得地位。人類在追求伴侶的時候，會送上昂貴的禮物，並且展示財富，這實際上是在說：「我有很多錢，可以支持家庭。你可以信賴我所誇耀的財富，因為你看我現在一擲千金都毫不在意。」展示珠寶和跑車能夠彰顯地位，因為每個人都知道這些東西價格昂貴。

札哈維的理論還可以說明人類其他比較危險的舉動，包括濫用化合物。這種舉動在青少年時期和成年階段初期特別明顯，這個時期人們最容易開始使用這些化合物，因為要耗費許多精力在建立地位這件事情上。我認為，這種無意識之下的本能，也讓鳥類和瞪羚展現了危險的特徵。一萬年前的人類是為了挑戰獅子或敵對的部落而「展現」這些特徵；現在，我們則改為採用其他危險的行為，例如開快車或是使用危險的毒品。

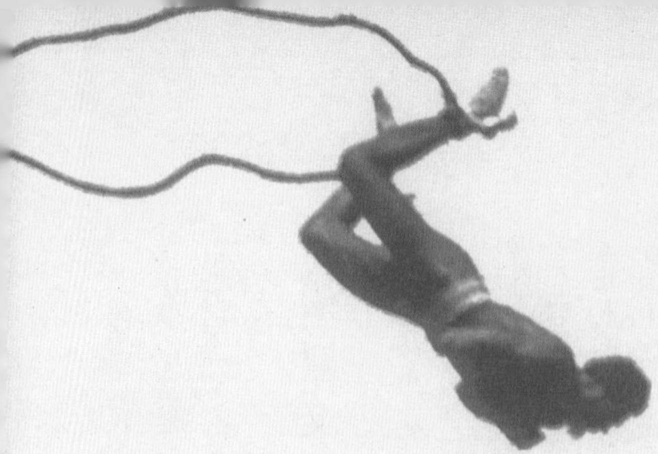

馬勒庫拉男性的危險跳水

美洲西北部的印地安人會經由舉辦「誇富宴」（potlatch）這樣的儀式，盡可能把財富分送出去，好為自己建立社會地位。在現代醫學出現以前，紋身不但疼痛，有可能因此受到感染，所以有紋身的人表示自己有兩種能力：能夠忍受痛苦、能夠抵抗疾病。人類還有許多為了取得地位的行為，不是花錢、冒險，就是可能對身體造成傷害，上面只是兩個例子而已。

更極端的例子出現在太平洋上的馬勒庫拉島。島上男性有個傳統，要表演一種危險到瘋狂的舉動：蓋一座高塔，然後從塔上頭下腳上的跳下去（風行世界的高空彈跳就是模仿這個活動）。彈跳的人會找一些堅韌的樹藤，一端綁

在塔上，另一端綁在腳踝上。樹藤的長度經過仔細計算，能夠讓彈跳的人跳下去之後頭還離地面一兩公尺。彈跳的人如果沒有死，就表示具有勇氣，同時表示他能夠進行仔細地計算，也就是擅長建築高塔。

上圖：
太平洋上的馬勒庫拉島隸屬於萬那杜。島上的年輕男性會依循傳統，建造高塔，然後從塔上跳下去，好誇耀自己的技術和勇氣。如果彈跳的人計算正確，綁住他的樹藤可以在他撞到地面之前拉住他。

錯誤的訊息

我推想，這些危險動作要表達的意思是：「我強壯又厲害。第一次抽菸的熱嗆感擊不倒我，酒精引起的宿醉難過我也不當回事。我常做這些事情依然保持健康活躍。我超強的。」事實上，長尾巴的雄鳥傳遞出這樣的訊息符合實情，但是對人類來說，這類的訊息卻是錯誤的。在現代社會中，人類的許多動物本能會對自身造成傷害，例如抽菸喝酒這種危險行為。

有些人每天抽幾包菸，好幾年下來依然沒有得到肺癌，只能證明自己可能有對抗肺癌的基因，但是卻不能證明自己有聰明才智，或是有能力為伴侶和小孩帶來快樂的人生。事實上，我們現在都知道抽菸對身體有害，那麼抽菸反而是一種負面行為，表示自己缺乏判斷力，這在競爭伴侶的時候反而是不利因素。

生命短暫、求偶過程迅速的動物必須要發展出能夠快速傳遞的訊息，因為有可能成為伴侶的對象沒有足夠的時間算計彼此真正的遺傳品質。但是人類活得久，追求伴侶和工作的時間長，所以有足夠的時間推敲其他人的內在價值。最典型的例子便是濫用藥物，當初有用的本能現在卻造成了邪惡有害之事，當初這種本能是要藉由不利的條件來彰顯力量。威士忌和香菸的廣告很聰明地引導這種古老的本能，其中傳達的訊息是抽菸喝酒能夠提升地位，讓我們更有吸引力。我們內心深處的本能並沒有察覺到這些訊息是錯誤的，但是我們可以用學習的能力、理性的能力，選擇其他方式，拋棄這些錯誤的訊息。

動物和人類的效益計算

所有的動物，都必定演化出能夠快速和其他動物溝通的訊息。為了讓這個訊息是可信的，發出這個訊息必然會付出成本、犧牲安全，或是只有優異的個體才能夠負擔得起。從這個觀點看，就能夠瞭解許多動物為何會發出似乎對自己不利的訊息，例如在獅子面前四腳彈跳，或是在叢林中生活卻還帶著添麻煩的冗長尾巴。

這個觀點還可以說明人類藝術和濫用藥物這兩種行為的由來。在各個人類社會中，都有創造藝術和濫用藥物這兩項特徵，乍看之下，這兩項特徵對生存與吸引伴侶並沒有用處。我在第七章中指出，藝術品可以切實地傳達出一個人的優勢或地位，因為要有技術才能夠創造藝術品，要有地位或是財富才能夠取得藝術品。現在我把這個論點再往前推一步：除了藝術之外，人類還經由其他的昂貴的方式來提昇自己的地位，這些方式包括從塔上跳下來或嗑藥這類非常危險的手段。

我並不會說這個觀點可以讓我們完全瞭解藝術和藥物濫用。複雜的行為會脫離了最原始的目的，自行發展。也可能一開始這些行為就不只有一種功能。

就算是從演化的觀點來看，動物的行為和人類的藥物濫用之間還是有一項基本差異。四腳彈跳、長尾巴和其他動物發出的訊息，雖然都要耗費成本，但是取得的利益要大過代價。長尾巴的雄鳥的確要付出相當的成本，因為不論在尋找食物或是逃離掠食者時，長尾巴都增加了行動的負擔，但是長尾巴有利於吸引雌鳥，所以付出的代價得到了更高的回報：能夠吸引雌鳥，結果是攜帶自己的基因的後代更多，而不是讓後代變少。長尾巴只是看起來像是造成不利的特徵，但是卻有利於雄鳥基因的流傳。

人類的藥物濫用行為則不同，代價遠高於回報。藥物成癮和酗酒不但會讓壽命縮短，也讓人對吸引伴侶的能力不增反減，同時也會失去好好養育小孩的能力。人類濫用化學藥品和瞪羚的四腳彈跳與鳥類長尾巴不同。藥物濫用會持續是因為那些毒品有成癮性，而不是隱藏的利益要高過代價。總的來看，喝酒、抽菸和使用藥物是傷害自己的行為。

瞪羚在四腳彈跳時，或許會計算錯誤，所以獅子有的時候能夠吃到瞪羚，但是瞪羚不會因為沈溺在四腳彈跳帶來的興奮感中，最後造成自己的死亡。人類濫用化合物這樣自我毀滅的行為，已經完全脫離了動物的本能行為。

Average net paid circulation for September exceeded
Daily---1,800,000
Sunday-3,150,000

DAILY NEWS

Copyright 1938 by News Syndicate Co., Inc. Reg. U. S. Pat. Off. NEW YORK'S PICTURE NEWSPAPER Entered as 2nd class matter, Post Office, New York, N. Y.

FINAL

Vol. 20. No. 109 | New York, Monday, October 31, 1938★ | 48 Pages | 2 Cents IN CITY LIMITS | 3 CENTS Elsewhere

FAKE RADIO 'WAR' STIRS TERROR THROUGH U.S.

Story on Page 2

(NEWS foto)

"War" Victim

Caroline Cantlon, WPA actress, listening to this radio in West 49th St., heard announcement of "smoke in Times Square." Running to street, she fell, broke her arm.

(By Associated Press)

"I Didn't Know". Orson Welles, after broadcast expresses amazement at public reaction. He adapted H. G. Wells' "War of the Worlds" for radio and played principal role. Left: a machine conceived for another H. G. Wells story. Dramatic description of landing of weird "machine from Mars" started last night's panic.

—Story on page 2.

第10章
宇宙擁擠、人類孤獨

下次你有機會遠離城市的燈光，走到戶外，看看清朗的夜空時，請感覺一下有多少星星。接下來，找一個雙筒望遠鏡，看一下銀河，也就是午夜時分橫過夜空的那條銀色帶子，瞧瞧多看到了多少星星。如恆河沙數的星星，才只是起點而已。

宇宙中有數十億個星系，每個星系中有數十億、甚至數兆個恆星，我們現在知道大部分恆星都有行星圍繞著。在知道了這個數字之後，你可能會問：在這個宇宙中，人類是獨一無二的嗎？在宇宙中有多少如同人類這樣的文明也在觀察我們呢？我們要過多久才能和他們溝通、拜訪他們，或是他們才會來拜訪我們呢？

右頁圖：
1938年，由威爾斯（H.G. Wells）小說《世界大戰》改編的廣播劇播出，有些人信以為真，認為火星人正在入侵美國。狂亂的狀況持續了數個小時。

在地球上，人類是獨一無二的，沒有其他的動物具有人類這樣複雜的語言、藝術和農業，稍微相近的都沒有。在幾十光年的範圍內，也沒有看到什麼人類獨有的特徵（光年是光一年進行的距離，約九．四六兆公里）。有兩個跡象，讓我們在地球上有可能偵查到外星智慧生命（如果智慧生命存在的話）：太空探測船和無線電訊號。人類發射了太空探測船，也發出了無線電訊號，其他的智慧生命也有可能會發射。但是，外星人的探測船和無線電波在哪兒？

對我來說，這是科學中最難解的謎題之一。有那麼多的恆星，只在地球上能夠出現人類這樣的物種，我們應該可以偵查到外星智慧生命像人類這樣發射出太空船，或是至少接收到他們發出的無線電波，但是我們沒有看到這些跡象。人類真的不僅在地球上是獨一無二的物種，而且在宇宙中也是獨一無二的嗎？

計算外星文明的數量

科學家最早在一九六〇年開始尋找外星的無線電訊號，他們使用了位於美國西維吉尼亞州綠堤（Green Bank）的國家電波天文臺。這個計畫由天文學家德瑞克（Frank Drake）主持。第二年，德瑞克召集了一些科學家到綠堤開會，討論偵測到外星智慧生命的機率。在準備會議時，德瑞克發明了一個計算外星文明數量的方程式，後來稱為「綠堤方程式」（Green Bank formula）或「德瑞克方程式」，這個方程式如下：

$$N = R^* \cdot fp \cdot ne \cdot fl \cdot fi \cdot fc \cdot L$$

R^* 代表適合發展出智慧生命的恆星的形成速率。

fp 代表這些恆星中具有行星的比例。

ne 代表每個太陽系中具有適合生命發展行星的數量。

fl 代表這樣的行星真的有生命發展出來的比例。

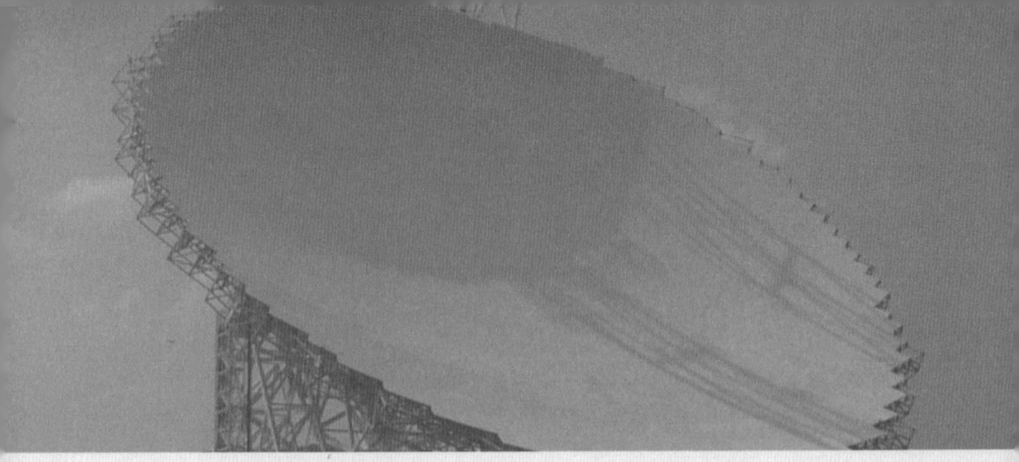

f_i 代表有生命的行星發展出智慧生命的比例。

f_c 代表智慧生命所發展出的科技，足以把彰顯自己存在的訊息送到太空中（例如無線電波）的比例。

L 代表這樣的文明發送訊息的時間長度。

天文學家在各項變數中，都使用最佳的估計值，以及最新的發現或概念，例如恆星產生的速率、圍繞恆星的行星數量等。這些變數乘起來，就是銀河系中能發出我們能夠偵測到訊息的文明數量。

這個方程式的計算結果是有許多外星文明存在。物理學家恩里科・費米（Enrico Fermi）指出，基於這條方程式，現在就應該有智慧外星人造訪地球了，或至少我們應該要接收到他們的無線電訊息。但是到目前為止，沒有可信的證據指出有外星人或是他們的無線電抵達了地球。這種狀況稱為「費米悖論」。[1]

有些研究人員相信，例如「大過濾」（Great Filter）[2]這樣的效應，使得文明的數量遠遠低於預期的數量。兩種可能的「大過濾」情況顯示，智慧生命其實非常罕見，以及具有科技的文明無法持久。

上圖：
位於美國西維吉尼亞州的綠堤望遠鏡

---

1. 編按：費米悖論（Fermi paradox）闡述的是對外星文明存在性的過高估計和缺少相關證據之間的矛盾。
2. 編按：大過濾理論（Great Filter Theory）簡要來說，是指任何文明都只能進化到一個極限，因為太高科技的文明無法避免自我毀滅的結果，所以遲早一定會消失。

有人在嗎？

我們一直嘗試和外星生命聯繫。最早在一九六〇年，當時科學家想要接收鄰近兩個恆星傳送來的無線電波，但是沒有成功。從那個時候開始，人類不但發送無線電波，還發射太空探測器到太空中，同時持續接收可能是太陽系外智慧生命發出的無線電訊號。

天文學家利用「綠堤方程式」，計算宇宙中先進文明的數量，這個方程式會把一串估計的數值乘起來，這些數字包括星系中恆星的數量、這些恆星系中行星的數量、這些行星中有生命的數量。把這些估計值乘在一起，得到的結論是宇宙中含有生命的行星，應該有十億乘十億個。

這麼多有生命的行星中，應該有一小部分（百分之一好了）發展出先進的文明，這些文明能夠發射無線電波，在恆星之間傳遞訊息。如果綠堤方程式是正確的，光是太陽系所在的銀河系中，就應該有一百萬個行星可以讓先進文明出現。這些文明在哪裡呢？安靜得嚇人呢！

天文學家的計算一定是哪裡出錯了。在計算恆星的數量和行星系統，以及這些系統中出現生命的機率時，天文學家的確清楚所研究的對象。所以，問題可能出在我們認為「在有生命的星球中有很大的比例能夠孕育出先進文明」，這個想法是建立在生物學家所稱的「趨同演化」(convergent evolution)上。我們可以藉由啄木鳥的例子瞭解趨同演化的意義，以及趨同演化的限制。

啄木鳥的世界

許多不同類群的生物，會各自演化出相同的特徵，或是占據相同的生態區位，生物學家把這種狀況叫作「趨同演化」。例如鳥、蝙蝠、翼手龍和昆蟲都各自演化出了飛行能力。另一個趨同演化的例子是眼睛，許多不同的物種都各自演化出眼睛。

我們知道在地球上的許多物種之間有趨同演化的現象，那麼地球上的物種和地球之外的物種應該也有這種現象。在地球上，無線電波通訊只演化出一次，但是趨同演化的概念讓我們預期在某些星球上應該也會出現無線電通訊。不過啄木鳥的例子，告訴我們趨同演化的現象並不是普遍到放諸宇宙皆準的。

啄木鳥的生活形式非常奇特，牠們會在活的樹幹上鑿洞，啄開樹皮，吸取樹木汁液，找尋昆蟲當食物，所以牠們整年都有足夠的食物可以吃，並且居住在樹洞中。毫不意外，啄木鳥是成功的鳥類，將近有兩百種，幾乎遍布全世界，有些種類的啄木鳥很常見。

演化成啄木鳥很困難嗎？並不會。和啄木鳥有親緣關係的鳥類有好幾群。啄木鳥當

然有一些助於鑿洞啄樹皮特殊的適應特徵，包括了鑿子形狀的喙、有羽毛擋住木屑進入鼻孔、顱骨變厚、頸部肌肉強壯，以及短而挺直的尾羽好讓牠們能夠支撐在樹幹上。

啄木鳥的這些特徵，遠不如製造無線電系統複雜，而且都是由鳥類共有的特徵變化發展出來的。你可能會認為啄木鳥會不斷地演化出現，有許多類群的動物會在樹上鑿洞，取得食物並且做為巢穴。但是除了啄木鳥之外，並沒有其他動物演化出能夠享受這樣大好生活的形式。不是所有的好機會都會有人把握住。如果在地球上的自然歷史中，啄木鳥的演化只出現一次，那麼我們應該認為打造無線電系統這樣的事件在宇宙中會出現好幾次嗎？

生物學與無線電的演化

如果建立無線電系統就像是啄木鳥維生的生活形式，那麼有些物種可能已經演化出這種生活形式中的一些基本元素，不過只有人類演化成能夠打造完整的無線電系統。我們可能會發現火雞能夠建造無線電發射器，但是不會製造接收器，或是袋鼠只會建造接收器而不會製造發射器。化石紀錄可能顯示在古代的河床中有五瓦的發射器，晚期

右頁圖：
橡實啄木鳥（acorn woodpecker）在儲存食物。雖然啄木鳥的生活形式有種種優勢，但是地球上只有一小群動物演化出這樣的生活形式。這種狀況對於我們瞭解外太空智慧生命出現的可能性，有什麼關聯嗎？

的恐龍骨骸旁邊有二百瓦的發射器，劍齒虎使用了五百瓦的發射器，但是直到人類才製造出足以把無線電發射到太空中的發射器。

上面這些事情都沒有發生。在兩百年前，人類甚至還不知道打造無線電的相關概念，直到一八八八年才開始進行無線電的實驗。在地球上那麼多的物種當中，只有一種會想要建立無線電系統，然後在這個物種七百萬年的歷史中，七萬分之六萬九千九百九十九的時間裡，都無法建立無線電系統。要是有外星人在一八〇〇年造訪地球，也不會認為這裡會發展出無線電。

無線電系統是非常特殊的東西，那麼製造無線電需要什麼能力呢？這種能力的核心是智能與巧手，如此才能夠仔細地製造物品。地球上幾乎沒有其他動物具備這種能力，且沒有一種動物像人類這樣擅長。

只有巴諾布猿和黑猩猩具備了一些智能與巧手，不過從物種生存的角度來看，這兩種動物算是相當失敗的。地球上真正成功的物種是鼠類和甲蟲，到處都見得著，而且數量多。但是鼠類和甲蟲遍布世界、族群龐大，和智能與巧手沒有什麼關係。

感謝老天：安靜得嚇人呢

綠堤方程式中最後一項變數是具備先進科技的文明能夠續存的時間。能夠製造無線電系統的智能和巧手，也可以用來達成其他目的，包括製造能夠殺人和摧毀環境的機器。我們在地球上發展文明，然後自作自受，現在有數個國家擁有快速終結人類的方法，另外還有一些國家急著把這些方法弄到手。

我們能夠發展出無線電系統，真的只是巧合，是因為夠幸運才能在發明終結人類的武器之前，就發明了無線電系統。從人類的歷史看來，其他地方就算發展出文明，應該也會短命，他們可能和我們現在一樣，一夜之間就逆轉了文明的進程。

我們現在的運氣還非常好。天文學家花費數億美元尋找外星生命，從來沒有仔細思考如果發現外星生命或外星生命發現我們之後會怎樣，這讓我心驚膽戰。我們會和外星人坐下來進行精采的對話嗎？他們會把先進的科技分享給我們嗎？

我們在地球上的經驗再一次成為有用的參考。我們已經發現有兩個物種，巴諾布猿和黑猩猩，牠們足夠聰明，但是技術不如人類。我們有和牠們坐下來好好聊聊嗎？偶爾有，但是大部分的狀況都是射殺牠們、解剖牠們、把牠們的手砍下來當成紀念品、把牠們關入籠牢，在醫學實驗中讓牠們感染疾病，摧毀或是占據牠們的棲地。在整個歷史中，人類的探險家如果發現科技不如自己的人類，展現出的反應是射殺他們、用他們沒有遭遇過的疾病毀滅他們，並且破壞或是奪取他們的土地。

科技比我們進步的外星人，一旦發現了我們，必定會幹下相同的事。如果在我們監聽的範圍內，真的有會發出無線電的文明，我們最好把發射器關上，不要被發現，否則會招致毀滅。

我們的運氣很好，沒有任何訊息從外太空傳過來。宇宙中有幾十億個星系，每個星系中有幾十億個恆星，其中一定有些恆星系中有無線電發射器，但應該不多，擁有發射器的文明也沒有辦法持續長久。從啄木鳥的例子，我們知道幾乎不太可能見得到飛碟。從實際層面上來看，在擁擠的宇宙中，我們是孤獨的，感謝老天。

水上飛機上的阿爾巴德探險隊的成員。這架飛機停泊在新幾內亞的一座湖泊中。這個探險隊在1938年發現了長久以來遺世獨居的達尼族（Dani people）。達尼族人生活在新幾內亞西部的大峽谷中，外界之前一直都不知道他們的存在。

PART FOUR

征服世界

人類文化特徵中，語言、農業和先進科技使得人類獨一無二，這些特徵讓人類散播到全球各地，征服了整個世界。在征服世界的過程中，人類各個族群彼此之間的關係發生了一項基本的改變。本書的這一部分將會說明這種改變發生的原因與過程，以及對人類未來的影響。

大部分的動物只分布在地球表面上很小的一塊區域中。舉例來說，紐西蘭的哈氏滑蹠蟾（Hamilton's frog）只棲息在一片〇．一五平方公里的林地，以及一個面積六百平方公尺的岩堆。五萬年前，人類只居住在非洲溫暖的非森林地帶，活動範圍依然局限在非洲與歐亞大陸的熱帶與溫帶地區。大約五萬年前之後，人類拓展到澳洲與新幾內亞；三萬年前，擴展到歐洲寒冷地區；兩萬年前抵達西伯利亞；約在一萬一千年前抵達北美洲和南美洲；三千六百年至一千年前，抵達玻里尼西亞。現在我們已經踏遍所有陸地，航行過每片海洋，開始把探測器射入太空或是深入海底。

人類的擴張並不只是遷徙到無人居住的土地那麼簡單，有的時候會攻擊其他人群，驅逐他們，或是加以殺害。有些群體會在其他群體的領地上殖民，以軍事力量或是政治手段加以控制。人類在征服世界的同時，也在彼此競爭。人類的擴張揭露了另一項特徵：我們會大規模殺害同種的個體。人類這項特徵來自於動物，但是我們把這個特徵帶出了動物的限制之外。我們殺害同類的特質，有可能讓人類這個物種就此衰落。

在接下來的三章中，會介紹人類的擴張使得語言和文化開花結果的過程。此外，我們會探究為何有些人群能夠具有征服其他人群的優勢，並說明歷史上最近的一次人類大遷徙：現代歐洲人擴張到美洲和澳洲。

最後，我們將會一窺人類比較黑暗的特質：仇外心理（xenophobia），也就是害怕和自己不一樣的人群。動物世界中，競爭無所不在，仇外心理就是從這種狀況中誕生的，但是只有人類發展了能夠遠距離大規模殺害同種族個體的武器。回顧人類的集體屠殺史，便能知道這種醜陋的傳統造成了恐怖的現代戰爭。

第11章
最後的「第一次接觸」

一九三八年八月四日，人類史中最後的一個長篇，終於要迎來完結的段落了。這天，美國自然史博物館派遣的科學探險隊，成為首度進入新幾內亞西部大峽谷的外來者。這個狹長而植物茂密的峽谷，周圍是叢林覆蓋的陡峭山脈，以前人們認為那裡沒有人居住，但是出乎意料，裡面住滿了約五萬人，他們還過著石器時代的日子。之前沒有人知道他們的存在，他們也不知道外面的世界還有人類存在。

這個探險隊深入新幾內亞，為的是找尋未知的鳥類和哺乳動物，結果發現了未知的人類社會，現在那群人稱為達尼族（Dani people）。一九三八年探險隊進入大峽谷，是歷史上最後一次有先進的文化和不知道有外界的大型族群接觸。人類全體本來由數千個小型社會組成，後來人類征服了全世界，知道了世界的大小。一九三八年的接觸成為這個轉變過程的里程碑。為了瞭解這次相遇有多麼重要，我們需要知道「第一次接觸」的意義，以及這樣的接觸對人類社會的影響。

第一次接觸前的世界

絕大部分動物所分布的範圍，受到地理因素的限制，往往局限在地球表面上的小區域中。如果分布得很廣，在不同大陸的個體彼此也不會碰面。每座大陸中的各個小區域，通常都有各自的族群，這些族群會接觸到鄰近的族群，但是接觸不到遠方的同種個體。同族群因為受到地理因素的限制，造成同物種在不同分布的地區中有各自的變化。同物種在不同地理區域中的族群，交配往往都發生在同一族群的個體之間，容易演化出外貌不同的亞種（subspecies），例如非洲低地大猩猩有兩個亞種，東非低地大猩猩和西非低地大猩猩。東非低地大猩猩從來沒有到過西非，西非低地大猩猩也不曾在東非出現。這兩個亞種的大猩猩雖然屬於同種，但是差異之大，生物學家一眼就可以區別得出來。

人類在演化歷史中，絕大部分的時間都和一般的動物一樣，各族群局限在各自的地理區域中。每個區域中的人類族群，受到當地氣候和疾病的影響，遺傳也發生了相應的變化。除此之外，語言和文化的差異也阻礙了人類自由混血。

我們常認為自己是「旅客」，但是在人類演化的幾百萬年中，情況卻剛好相反。每個人類群體除了自己居住的土地和周邊的鄰居之外，對世界其他的地方根本一無所知。大部分的人和鄰近的群體交換物品，有些群體甚至認為自己是世界上唯有的人類。或許只有當地平線飄起了煙，或是河裡漂來了獨木舟，才顯示有其他的人類存在。但是在那段時期，要離開自己的領域，到幾公里外去和陌生人見面，與自殺無異，群體中有著「不可越界」的心態。不論是接納陌生人，或是陌生人出現在門前，這類的念頭都是難以想像的。

直到幾千年前，政治系統和技術的改變，讓有些人能夠前往遠方，和不同文化背景的人接觸，並且認識到自己沒有親身體驗過的風土民情。一四九二年哥倫布抵達美洲時，這個過程開始加速。目前只有在新幾內亞和南美洲中的一些部落，等著從遠方來的外人進行第一次接觸，這些還沒有和外界第一次接觸的世界，隱藏著人類文化多樣繁茂的關鍵，不過這樣的世界也會在我們這一代終結。

獨立與多樣性

現在因為有了網際網路、電影和電視，我們能夠看到這個世界我們未曾去過的地方，藉由書籍瞭解那些地方。語言障礙不再阻止資訊的流通，就算是還在使用小眾語言的村落中，都幾乎至少有一個人能夠說世界上主要的語言，例如英語。幾乎每個村落都可以直接收到大量外面世界的訊息，並且把自己的訊息傳遞出去。

在第一次接觸之前的人，無法想像外界的樣子，也無法直接領會。如果有來自外界的訊息，也是經由許多人輾轉傳遞，經由許多種語言層層翻譯而來的，其中每傳一次，真實程度就減少一分。例如住在新幾內亞高原地區的人，完全不知道一百多公里外有海洋，也不知道白種人數百年前便在海岸地區活動了。第一次接觸對於這些高原居民有巨大的影響，大到我們這些活在現代化世界的人難以想像。

第一次接觸深深改變了高地人的物質文化，例如他們馬上就發現外面的人帶來的鋼斧要比自己的石斧好。後來傳教士和政府官員也來了，他們改變了高地人的文化，禁止了許多由來已久的活動，例如吃人肉、部落戰爭、一夫多妻等。有些部落的人喜歡外來的新事物和做法，自願放棄那些舊日的生活方式。也有更深的改變，那就是高地人的宇宙觀。他們和鄰居不再是唯一的人類，他們過的日子也不是唯一的生活方式。

科學家在一九三八年進入了大峽谷，這是達尼族的轉捩點，也是人類歷史的轉捩點。以前所有的人類群體各自獨居、不相往來，現在只有少數群體維持這種狀態，這種改變造成了什麼差異？為了稍微探究這個問題的答案，我們可以比較許久之前便不再獨立，以及到了現代還不和外界往來的地區。我們也可以檢視歷史中在第一次接觸後迅速發生的變化。這些比較結果指出，相隔遙遠的人們在彼此接觸之後，文化的多樣性會慢慢地消除，這些多樣性是數千年來各自獨居的狀態下發展出來的。

左頁圖：
達尼族男性和兒童翻閱西方世界製作的新幾內亞導覽書。

遭到焚毀的藝術

我們可以看一看新幾內亞在和外界接觸前後，藝術品變化的範圍，這樣便可以清楚瞭解不與外界接觸能夠增加文化多樣性，和外界接觸意味著文化多樣性減少。

在以前，個別的村落之間，不論雕刻、音樂和舞蹈的形式，都有很大的差別。在塞皮克河（Sepik River）河畔和阿斯馬特沼澤（Asmat swamps）周圍的村民所製造的木雕，品質精良，世界聞名。不過現在這些新幾內亞的村民，不是因為被迫，就是受到引誘，放棄了原有的傳統藝術。例如我在一九六五年造訪一個小部落，只有五百七十八人，傳教士在那裡開了唯一的小店鋪，他說當地人的藝術品是「異教徒的工藝」，並且誘使他們把這些藝

術品燒掉。

一九六四年，我首度造訪新幾內亞的偏遠村落，聽到原木鼓和傳統歌曲；當我一九八〇年代再度造訪時，聽到的是吉他、搖滾樂和裝電池的大型收音機。曾經在紐約大都會博物館欣賞過阿斯馬特族木雕的人，或是聆聽過原木鼓雙人演奏出的令人驚嘆的速度節奏，都會認為在第一次接觸後使得藝術消失，無疑是個悲劇。

上圖：
收藏家和博物館對於這樣的木雕，都給予高度評價（新幾內亞土著在十九世紀末、二十世紀初完成的）。隨著全世界的文化多樣性正在逐漸減少，這樣的木雕，有許多已經遭受毀壞，製造的手藝也失傳了。

語言的消失

語言多樣性代表了文化多樣性，許多語言都已經消失了。歐洲目前約有五十種語言，大多屬於印歐語系。相較之下，新幾內亞的面積不到歐洲的十分之一，人口數量不到歐洲的百分之一，卻有數百種語言，其中許多語言和新幾內亞其他地區或是世界其他語言都沒有關聯。平均來說，一個新幾內亞的語言，只有數千人使用，他們的活動範圍只有幾十公里。

世界以前就是這個樣子，每個獨立的部落都有各自的語言，後來農業興起，一些族群開始擴張，他們使用的語言也隨著散播到其他地區。印歐語系在六千年前才開始散播，便使得西歐所有更早期的語言都走上了末路。最近幾千年前，非洲也發生了同樣的事情。在撒哈拉沙漠以南的地區，班圖族語系幾乎滅絕了當地其他語言。最近幾百年，北美洲和南美洲的數百種印地安語也消失了。

語言消失難道不是好事情嗎？語言愈少，全世界的人溝通起來不是就愈方便？可能是這樣，但是另一方面這並不是好事。不同的語言有各自的結構與詞彙，來表達情感、事件中的關係，以及表達個人責任的方式也不同。語言塑造了思想，語言的差異也會影響思想。沒有某一種「最好」的語言，相反的，不同的語言各有適合的目的。當一種語言消失了，就失去了使用這種語言的人群所具備的世界觀。

各種人類社會的模式

新幾內亞土著的文化多樣性和包含的範圍，都遠超過現代世界任何一片相同大小的區域，因為這些各自獨立生活的部落，能夠進行各種生活上的實驗，有些文化活動對其他人而言可能是無法接受的。部落之間各有不同的風俗，例如有的部落的人會自毀身體，有的會吃人肉。教養孩子的方式也有很大的差異：有的完全放縱，有的會用有刺的蕁麻枝鞭打不守規矩的孩童的臉，有的嚴格到導致兒童自殺。

在巴魯亞（Barua）部落中，成年男性和少年會一起住在一間大房子中，成年男性各自還有一個家，裡面住著自己的妻子、女兒和男嬰。在圖道威（Tudawhes）部落中，人們住在兩層樓的房子中，婦女、嬰兒、未出嫁的女兒和飼養的豬住在一樓，成年男性和尚未結婚的男孩住在二樓，並且以獨立的樓梯上下。

如果現代世界中，文化多樣性喪失的結果能讓自殘行為和兒童自殺消失，那麼也就不值得悲嘆了。但是目前主宰世界的文化能取得這樣的地位，是因為那些社會擁有的經濟與軍事成就。社會要更為幸福，或是人類能夠長久生存，經濟和軍事並不是必要條件。

我們追求消費，大量消耗環境資源，可能讓我們現在過舒服日子，但是這對未來並非是好事。美國社會的一些特徵，在有些人的眼中，已經達到了災難等級，例如對待年長者的方式、青少年的叛逆與壓力、濫用有毒化合物，以及不平等。對於這些問題，新幾內亞中那麼多的社會，在現在或是第一次接觸之前，能夠提供解決之道。

這些不同的人類社會模式正在快速消失，非常不幸。現在已經沒有如同新幾內亞大峽谷地區這樣龐大又沒有和外界接觸過的族群了。一九七九年，我在新幾內亞的塔里庫河（Rouffaer River）工作，傳教士之前才剛遇到一個有四百多人的流浪部族，他們說河上游的五天路程外，有一群從來沒有和外界接觸過的部落。二〇一一年，在飛機上的製片團隊拍攝到了亞馬遜雨林中一些還沒有和外界接觸過的部落，他們居住在祕魯和巴西之間的邊境地區。我們會逐漸發現這些小的部落，但是可以預期在二十一世紀初期，最後的「第一次接觸」將會發生，最後一個設計人類社會的實驗終將結束。

最後一次「第一次接觸」並不意味著文化多樣性的發展就此終止。事實上，有許多文化多樣性在電視、旅遊和網際網路的衝擊下有能力存活下來。但是當獨立生存的群體變成全世界的一分子，依然會讓多樣性消失，不過也有好的一面。人類的文化正在彼此混合，也愈來愈相近，讓人看見一絲希望。只要我們拋棄自我滅族的手段，恐懼和仇視陌生人的仇外心理還算可以處理。但是現在人類擁有核子武器，我們最好要把自己看成屬於世界文化的一分子，文化多樣性的喪失可能是人類續存所要付出的代價。

第12章

意外的征服者

大約五百多年前，在美洲的每個人，都是美洲印地安人，在澳洲的每個人都是原住民。那麼，來自歐洲的人怎麼取代了大部分居住在美洲和澳洲的原住民呢？

換個方法說好了。為什麼科技和政治組織在歐亞大陸發展得比較快，在美洲和非洲撒哈拉沙漠以南就發展得慢呢？而在澳洲最慢？一四九二年，在歐亞大陸上有許多族群已經使用鐵器了，有書寫文字與農業，居住在龐大的中央集權國家，並且有能夠在海洋上航行的船隻，同時也快要發展出工業。美洲也有農業，但是只有幾個大型中央集權國家，且只有一個地區發展出書寫文字，並沒有能在海洋上航行的船隻，也沒有鐵器。在澳洲，沒有農業、文字、國家或船隻，當地的人使用的石器，就像是歐亞大陸上的人在一萬年前的樣子。

十九世紀的歐洲人對於這個問題，有一個充滿種族主義的單純答案。他們認為自己比其他族群的人要聰明，所以在文化上領先。他們也相信自己背負著征服者的天命，要取代或是殺害「次等」的族群。這種想法不但傲慢自大、令人厭惡，而且還大錯特錯。人類在知識上的巨大差異，取決於生長環境。目前並沒有任何證據指出，在不同種族與文化的人在遺傳的心智能力上有差異。歐洲人會擴張到其他的大陸，而不是其他大陸的人散播到歐洲，是因為技術和政治上的差異，並不是在生物本質或是種族上比較優越。

地理與文明

如果居住在各大洲的人在心智能力上沒有遺傳差異，那麼在世界各地文明進展的速度為何會差那麼多？我認為答案是地理差異。各大陸在發展文明所需的資源上各有不同，特別是後來能夠馴化成為作物與牲畜的野生植物和動物的種類。在有些大陸中，這些有用的物種能夠輕易散播到其他區域，但是有些大陸就是不能。數千年來，地理以及生物地理（不同地區的物種分布與生態系模式）的差異塑造了人類的生活。

我為什麼要強調植物和動物的種類？我在第八章討論過農業與畜牧的缺點，但是農業與畜牧也使得單位面積能夠供養的人數增加。由一部分人生產出的額外食物，能夠儲存起來並且餵養其他人，這使得有些人能夠把全副心力放在製造金屬器具、工具、書寫與軍旅上。馴化的動物不只能夠提供肉食和乳汁，也能提供穿用的皮毛，以及運輸人與貨物。讓動物拉犁耕田，作物的產量會比光用人力耕種更高。

在西元前一萬二千年，全世界的人口約一千萬，在有了農業和畜牧業之後，現在人口超過了七十億。有了密集的人口，才會產生中央集權國家，密集的人口也造成了傳染病的演化。有些人接觸過這些新興的傳染病，產生了抵抗力，但是有些人群沒有。這些因素決定了哪些人群會去征服，哪些人群受到殖民。

歐洲人征服了美洲與澳洲，並不是因為他們的基因比較好。他們能夠成功的征服，是因為攜帶了更致命的疾病（特別是天花），更先進的技術（包括武器和船隻），經由文字而保存的資訊，以及政治組織。凡此種種，都來自於各大陸的地理差異。

不同的牲畜

大約在西元前四千年，歐亞大陸西部地區的人已經有五種大型牲畜：綿羊、山羊、豬、牛以及馬，現在這些牲畜都很常見。亞洲東部不同地區的人，馴養了其他四種牛：犛牛（yak）、水牛、大額牛（guar, Bos frontalis）以及爪哇野牛（banteng）。這些牲畜可以當成食物，也提供了皮毛與獸力。除此之外，馬有很重要的軍事用途，在十九世紀之前，有著坦克、卡車和吉普車的功能。

那麼，美洲的印地安人為什麼沒有馴養在美洲的類似物種，例如大角羊、雪羊、西貒（音ㄊㄨㄢ，類似豬的野生動物）、美洲野牛和貘？為什麼印地安人沒有騎著貘？為什麼澳洲原住民沒有乘著袋鼠衝鋒陷陣，入侵並且統治歐亞大陸呢？

答案是，世界上的動物中，只有某些種類可能受到馴化。許多動物具備了馴化的首要特性：能夠當成寵物圈養。我在新幾內亞的村落中，經常遇到當地人飼養的負鼠和袋鼠，也在亞馬遜的村落中看到馴養的猴子和黃鼠狼。古代埃及人馴養了瞪羚、羚羊、鶴，甚至鬣狗，可能還包括了長頸鹿。漢尼拔將軍的軍隊馴養了非洲的大象，越過阿爾卑斯山，使得羅馬人大為震驚。

但是馴化這些動物的嘗試，最後的結果是失敗。馴化的意義不只是要能夠圈養動物、讓動物聽話，馴化的動物在圈養的狀況下要能夠繁殖，而且要能夠選出具備所需特徵的後代，這些特徵包括溫馴的性格、濃密的毛，或是負載重物的意願。人類讓馴養的動物代代繁衍，選擇具備某些特徵的個體，最後便可以把野生動物變成更有用處的牲畜。

人類大約在西元前四千年馴養了馬，在數千年後馴養了馴鹿，之後便沒有成功馴化其他在歐洲的大型哺乳動物了。我們現在擁有的牲畜，是在多年的嘗試與淘汰之後留存下來的種類。

野生動物必須本來就有一些特質，才能夠馴化成功。首先，牠們必須是社會性動物，會成群一起生活。這些動物具有服從群體中領頭個體的本能，因此可以把服從的對象從群體中領頭的個體，轉移到人類身上。換句話說，人類主人就變成了這群社會性動物中啄序[1]最高的動物。社會性動物天生就會和其他動物互動，就算是不同的物種也行。在非社會性的獨居動物中，人類只成功馴養了貓和雪貂。

第二，像是鹿這樣的動物，一發現有危險，馬上就會逃跑，而不是留在原地。這樣容易驚慌的動物也不適合馴化。世界上有幾十種鹿，人類只成功馴化了馴鹿。其他種類的鹿不是因為遇見危險就逃跑的反射行為，便是只在領域中活動，或是同時有這兩種特性，都無法馴化成功。

最後還有一點。動物園經常會發現圈養的動物即使吃得好、長得健康，仍可能會拒絕交配生育。圈養的動物如果無法交配繁殖，那麼就算大有用處的動物，也難以馴化。世界上最好的毛料來自於駱馬（vicuna），這種棲息在南美洲安地斯山區的動物與駱駝同一科。沒有人能夠馴養駱馬，因此駱馬毛都來自於野生駱馬。從古代中東地區的王子，到十九世紀的印度人，會捕捉並且馴養獵豹。這種野生動物是陸生哺乳動物中跑得最快的，可以養來幫助狩獵。但是每頭人類飼養的獵豹都是在野外捉來馴養的。在一九六〇年代之後，動物園才能夠讓圈養的獵豹繁殖。

---

1. 編按：啄食順序理論（The Pecking order Theory）原指雞群中的支配行為，生物學上指群居動物通過爭鬥而取得的社群階層與等級。

這些原因總加起來，便能夠說明在歐亞大陸的人為什麼能夠馴養出五種大型哺乳動物，但和這些動物相近的物種卻無法馴養，以及美洲的印地安人為何無法馴養美洲野牛和西貒。

帶來革命的馬匹

馬匹有很高的軍事價值，也讓我們看到一些微小的差異如何能夠讓某個物種備受重視，而其他的物種受到忽視。馬屬於奇蹄目（Perissodactyla）動物，腳趾的數量是奇數，馬、貘和犀牛都屬於這一目。現存的奇蹄目動物共有十七種，其中有四種貘和五種犀牛都沒有馴化，八種馬中有五種沒有馴化。非洲人和美洲的印地安人如果能夠乘著犀牛，或許便能夠蹂躪來自歐洲的入侵者，但事實上這樣的事情並沒有發生。

馬的第六個親戚非洲野驢，是馬的近親，後來馴化成為驢子，這種牲畜非常適合負載重物，但是在軍事上沒有用處。馬的第七個近親是棲息在亞洲西部的波斯野驢（onager），古代曾經有數百年，人類用牠們拉貨，但是全都記載著牠們的脾氣暴躁。亞洲人有了馴養的馬匹之後，就馬上淘汰了這種麻煩的波斯野驢。

馬匹對軍事帶來的變革，沒有其他動物比得上，就算是大象和駱駝都難以匹敵。馬匹可以拉動戰車，這是古代世界的無敵坦克。在馬鞍和馬鐙發明之後，騎馬變得更容易，騎兵成為軍隊中重要的部隊。匈奴王阿提拉的馬上戰士擊垮了羅馬帝國，成吉思汗的騎兵建立了橫跨中國與俄國的帝國，在非洲西部也興起了擁有騎兵的軍事王國。

來自西班牙的征服者科爾特斯（Cortés）和皮薩羅（Pizarro），各自都只帶領了數百名西班牙士兵，外加上數十匹馬，便打倒了兩個美洲人數最多、最先進的國家：在墨西哥的阿茲特克帝國（Aztec Empire），以及在南美洲的印加帝國（Inca Empire）。直到一九三九年九月，這種最受重視的牲畜在軍事上的重要性才消失。當時希特勒的德國軍隊入侵波蘭，與之對抗的波蘭騎兵全軍覆沒。

改變歷史的滅絕事件

十六世紀，馬匹幫助了來自西班牙的征服者克爾特斯（Cortés）和皮薩羅（Pizarro）攻下美洲兩個最強大的帝國：阿茲特克帝國和印加帝國。因為美洲沒有原生的馬，阿茲特克帝國和印加帝國的士兵看到征服者騎乘裝備齊全的馬匹，都嚇到措手不及。美洲原本也有野生的馬，類似征服者所騎的馬匹祖先，如果這些美洲的馬沒有滅絕，那麼阿茲特克帝國和印加帝國的領導人可能自己就會有騎兵，嚇到的反而是西班牙的入侵者了。但是命運的變化是殘酷的，美國原生的馬很久之前就滅絕了，當時美洲有八到九成的大型哺乳類動物都滅絕了。（美國目前的野生馬是傳自當年歐洲拓荒者帶來的後代）

哺乳動物大規模滅絕的時候，剛好也是人類開始在美洲定居的時候，當時現代印地安人的祖先抵達了美洲。在美洲，消失的動物不但有馬，還有其他有希望馴化的物種，包括大型駱駝、地懶和大象。在澳洲也有類似的情況，人類首次抵達澳洲之後，大型哺乳動物也消失了。這樣的結果便是澳洲和北美洲幾乎沒有能夠馴化的物種，只有印地安人的狗是北美野狼的後代。南美洲只剩下天竺鼠（養來吃），兩種駱駝的親戚：羊駝（取毛用）與駱馬（負載重物，但是體型小，不能載人）。

美洲和澳洲沒有能夠耕田拉犁或拉動戰車的哺乳動物，也沒有能夠生產乳汁或載人的哺乳動物。當歐亞大陸和非洲的文明能夠使用獸力、

Ximeno inv. et del.
Moreno Texada sc
ntra el Exèrcito de CORTÉS triunfante en Tlascala
despues de la Victoria de Otumba.

風力和水力時，美洲的文明只能依靠人力慢慢前進。本書的第五部會提到，科學家目前還在爭論是不是最先抵達美洲和澳洲的移民獵捕過度，才造成澳洲和美洲大型哺乳動物幾乎全部滅絕。不論原因是什麼，滅絕事件幾乎確定了那些最早抵達美洲與澳洲人類的後代在數千年後會被征服的命運。征服他們的人來自歐亞大陸和非洲，這些大陸上依然保留了大多數的大型哺乳動物。

左頁圖：
西班牙征服者科爾特斯騎在馬上，耀武揚威在一座墨西哥城市中行走。西班牙人利用馬匹作戰，擊敗了強大的阿茲特克帝國和印加帝國。當時美洲沒有馬匹。

植物的力量

以植物為食是文明興起過程中的關鍵。事實上，人類消耗的熱量主要來自植物，其中最重要的是穀物，也就是禾草富含澱粉的種子，例如大麥和小麥。不過，只有少部分的植物物種適合馴化成為農作物，這種狀況和動物一樣。

為什麼有些植物容易馴化？因為那些植物是自花授粉的，也就是一棵植物開的花可以自己授粉，產生種子，能夠自己產生後代，小麥便是自花授粉植物。黑麥是異花授粉植物，要得到其他株黑麥飄來的花粉才能結果。自花授粉植物要比異花授粉植物容易馴化。由於自花授粉植物不容易混到野生種，比較容易篩選出想要的特質，這些特質也比較容易保存，異花授粉植物就比較困難。

澳洲很缺乏能夠馴化的原生植物，這或許是澳洲原住民一直都沒有發展農業的原因。但是美洲這個新世界農業發展的程度落後於歐亞大陸和非洲（舊世界）的原因，就不太明顯，畢竟許多流通全世界的作物，例如玉米、馬鈴薯、番茄和南瓜，原來在美洲生長。要回答這個問題，可能要仔細研究一下新世界最重要的農作物：玉米。

所有的文明都必須依靠穀物存活，不同的文明馴化了各自的穀物。在中東和歐洲，

左頁圖：
（左邊）硬幣旁邊大芻草的穗要比玉米的穗（右邊）小多了，還不到四分之一。這種美洲最重要的作物，花了數千年才演化成現在這個樣子，能夠養活許多人。

這些穀物是小麥、大麥、燕麥和黑麥；在中國和東南亞馴化的穀物有稻米、小米和黍子；在非洲撒哈拉沙漠以南的地區，有高粱、珍珠粟和紅小米。但是在新世界，就只有玉米。

在哥倫布抵達美洲之後，早期的探險家便把玉米帶回歐洲，之後傳到全世界，現在全世界的農作物中，種植玉米的面積僅次於小麥。玉米是美國最重要的農作物。那麼，為什麼玉米沒有讓美洲印地安人文明發展的速度，和吃其他穀物的舊世界文明一樣快呢？

馴化和種植玉米其實滿麻煩的，這使得玉米不是上好的農產品。如果你和我一樣喜歡吃奶油玉米，可能會覺得這句話有些冒犯。現在就讓我細數玉米和其他穀物不一樣的地方。

在舊世界，有十多種很容易馴化與栽培的禾草，這些禾草的種子大顆，能夠使用鐮刀一次就割斷許多莖條，一把採收。這些種子很容易磨成粉，用在料理上，也很容易在隔年耕種。這些穀物野生時產量就高，在中東地區山坡上的野生小麥，就算到了現在，每英畝都可以產出七百磅的麥子，一個家庭只要花幾個星期的時間，就足以採集夠一年吃的分量。在小麥和大麥馴化之前，居住在村落的人就發明了鐮刀、研磨用的杵臼，以及儲存用的地窖，他們靠著野生穀物過活。

馴化小麥和大麥並不是刻意的行為，不是有一群狩獵—採集者哪天坐下來，感嘆大型獵物都滅絕了，然後決定開始種小麥。植物馴化是意外的結果，人們只是偏好某些野生植物，然後把喜歡植物的種子隨便灑而已。在穀物的馴化過程中，人們偏好種子大的植物，殼還要容易去除的，同時種子和莖連接得緊，這樣才不會到處灑。

禾草只需要幾個突變，就能夠從野草轉變成人們所偏好的馴化穀物。在中東的考古學遺址中發現，小麥和大麥在西元前八千年發生了這樣的轉變。過了兩千年，栽培農作物已經結合了畜牧，在中東成為完整的食物生產系統。不論好壞，人類已經不再是狩獵—採集者，而變成了農耕者和畜牧者，朝著文明前進。

新世界的狀況不同。在美洲，農業不是由能結出大種子的野生禾草開始的。玉米的祖先是大芻草，野生大芻草有結出大種子，但不能夠提供充分糧食。從大芻草到玉米發生的轉變之大，在其他穀物上從來都沒有發生過。大芻草的穗上面只有六到十二個種子，種子的殼硬得像石頭，現在沒有人吃大芻草的種子，也沒有跡象顯示史前時代有人吃這種種子。

讓大芻草變得有用的關鍵步驟是性別轉換！大芻草從主莖生長出分支，分支末端的穗開的是雄花，但是在玉米中，這些分支是屬於雌花的結構，也就是玉米棒。這聽起來是很劇烈的變化，但其實只要激素變了，就能夠造成這種狀況。真菌或病毒感染，或是氣候變化，都會造成這樣的結果。如果有些穗上的花變成了雌花，便產生明顯而且大顆的種子，饑餓的狩獵—採集者很容易就會發現它們。那些主要的分支後來變成我們現在看到的玉米軸心。早期的墨西哥考古遺址中就發現了這樣的軸心，不過長度還不到四公分。

之後還要幾千年，玉米的產量才足以支持村落甚至城市的出現。改良出來的玉米，比起舊世界的穀物，要花費更多的勞力才能收成。玉米棒要一個個用手採收，其他的穀物可以用鐮刀一刀切下一大把。玉米粒不容易從軸上面掉落，得切下來或是直接咬食。播種的時候要把種子一顆顆埋起來，不能用灑的。最後，這種穀物的營養成分不如舊世界穀物。玉米含有的蛋白質比較少，也缺乏菸鹼酸和一些必需胺基酸。

和舊世界的種種穀物相比，這種新世界的穀物在野生狀態下看起來不能吃，不容易馴化，就算馴化之後也比較難使用。新世界的文明大幅落後舊世界，可能就是因為某一種植物的特性所造成的結果。

南北差異與東西差異

世界各地區的植物物種與動物物種各不相同，生物地理學決定了某個地區的人只能將哪些野生生物物種加以馴化。地理本身對於人類的歷史也有深遠的影響。

每個文明不只依賴自身所馴化出來的作物，也會引進在其他區域馴化的作物。在舊世界和新世界中，作物散播的模式也不同。新世界的大陸是南北向展開的，所以作物不容易散播到其他區域；舊世界的大陸是東西向展開的，這有利於作物的散播。為什麼呢？

植物和動物可以很快且容易地就散播到已經適應的氣候區，如果要散播到其他的氣候區，得先發展出新的變種，好適應不同的氣候。看一眼舊世界的地圖，就能夠瞭解到當地的植物和動物長距離散播時，不會受到氣候差異所阻礙。生物物種在中國、印度、中東和歐洲散播時，都處於北半球的溫帶氣候區中。

類似的穀物栽種範圍綿延幾千里，可以西到英吉利海峽，東臨中國海。古代羅馬人就已經栽培了來自中東的小麥和大麥、來自中國的桃子和柑橘、從印度傳來的黃瓜和芝麻、從中亞傳來的麻和洋蔥，當地原生的作物還有燕麥與罌粟。馬匹從中東傳到非洲西部，同時也改變了當地的軍事策略。源自於非洲的高粱和棉花在西元前二千年就抵達印度了。源自於東南亞的香蕉和木薯穿過了印度洋，讓非洲熱帶地區的農作物更多樣。

但是在新世界，北美洲的溫帶地區和南美洲的溫帶地區之間，隔著數千公里長的熱帶地區，溫帶地區的物種難以在熱帶地區存活。在南美洲安地斯山地區馴化的駱馬、羊駝和天竺鼠沒有辦法通過墨西哥，傳播到北美洲。馬鈴薯無法從安地斯山區傳到北美洲，向日葵也沒有從北美洲傳到安地斯山區。有些作物在史前時代南美洲與北美洲都有栽培，例如棉花、豆子、辣椒、胡椒和番茄，但是這些物種在兩個大陸之間的是不同的變種，甚至是不同的物種，可能是兩個區域各自馴化出來的。

玉米的確從墨西哥散播到北美洲和南美洲，但是過程並不簡單，因為要花很多時間才能夠得到適應不同氣候的品種。玉米在墨西哥出現後，花了幾千年，直到西元九百年才成為密西西比河谷地區主要的糧食作物。有了玉米，使得這個會建築土墩的神祕文明在北美中西部地區興起。

想像一下兩個半球的狀況如果相反。如果舊世界的大陸是南北走向，新世界是東西走向，那麼在舊世界中，農作物和牲畜的散播就會比較慢，在新世界中則會比較快。不知道這樣的差異會不會使得阿茲特克人和印加人入侵歐洲？

地理設定了基本規則

有些大陸上的文明發展得比其他大陸快，並不是少數天才造成的偶發事件，也不是哪一群人的智能和創新能力比較強，現在並沒有證據指出有這樣的差異。是生物地理造成文化發展的差異。如果在一萬二千年前，歐洲和澳洲的整個人群互換，那麼那些原先在澳洲、後來在歐洲的人，最後會入侵美洲與澳洲。

地理為所有物種在生物演化和文化演化訂下了規則，人類也沒有例外。現代的政治歷史中，地理占有重要的角色，有許多災難便是政客忽略了地理所造成的。十九世紀，歐洲強權殖民非洲，把這個大陸切割成各自的領地，後來這些領地成為獨立的國家，繼承了當時的邊界，這些邊界通常與非洲人民的地理分布、族群關係與經濟活動沒有絲毫關聯。

同樣的，一九一九年第一次世界大戰結束，政客簽訂凡爾賽條約時，重新劃定東歐國家的疆界。但是很不幸，這些政客並不瞭解這些地區的風土民情，新的國界引發了後來的第二次世界大戰。在國中一年級幾個星期的地理課程，是無法讓未來的政治家瞭解地圖上的種種對人類造成的影響。到頭來，從大的時間與空間尺度來看，我們所居住的區域深深的影響了我們現在的狀況，也決定了我們是誰。

第13章
黑與白

一九八八年，澳洲慶祝二百年國慶。現代澳洲這個國家一開始是英國的殖民地，距離本國的航海行程有二萬四千公里遠，許多殖民者是因被判了罪，才歷經了八個月的航程被送到這裡，當作處罰。他們完全不知道這個新家的模樣，也不知道怎樣才能夠在新家活下去，在船隊運送補給品來之前，要熬過兩年半幾乎處於饑餓狀態的日子。雖然開頭艱辛，但是這些移民者活了下來，繁衍子孫，還建立了民主國家，難怪澳洲人對於建國這件事深感榮耀。

不過，抗議使得慶祝活動美中不足。這些白皮膚的移民不是最早的澳洲人，早在五萬年前，深膚色的澳洲原住民祖先就已經抵達澳洲了。在澳洲，這些原住民也被稱為黑人。在英國人殖民澳洲的過程中，大部分的原住民不是被殺就是生病死亡，因此，那些原住民的後代在這個日子不是要慶祝，而是要抗議白種人來到這裡兩百年了。為何澳洲不再是黑皮膚原住民的天下？那些英勇的移民者為何會犯下集體屠殺（刻意滅絕整個族群）的大罪？

集體屠殺是人類才有的嗎？

不是只有移民到澳洲的白種人才犯過駭人聽聞的集體屠殺，在人類歷史中，這種情況發生的頻率，要比大多數人所想的高。聽到「集體屠殺」，許多人會想到二十世紀中期的德國納粹黨，第二次大戰時期，他們在集中營殺害了許多猶太人和許多少數族群，但這甚至還算不上那個世紀最龐大的集體屠殺事件。

數以百計的群體已經在成功的屠滅行動下消失了，現在世界各地還有許多種族，在不久的將來可能成為屠滅的目標。雖然集體屠殺是個令人心痛的議題，但是我們很少好好思考這種事件，或是願意相信善良的人會幹下這種事情，我們覺得只有納粹才會。拒絕思考集體屠殺，將會有嚴重的後果。在第二次世界大戰以來，人們幾乎沒有什麼具體的行動，阻止許多集體屠殺事件，也無法警覺到可能要發生的集體屠殺。

集體屠殺的一些基本問題，目前還有許多爭議。有其他的動物也會經常大規模殺害同種個體嗎？或這只是人類獨有的？人類的歷史中，集體屠殺是罕見的事件？或是普通到可以和藝術與文化並列為人類的特徵？現代武器只要壓下按鈕就可以在遠距離之外致人於死，這會減緩人類殺人的抗拒心理，那麼集體屠殺會愈來愈普遍嗎？最後，集體屠殺者是不正常的人？還是處於異常狀況下的一般人呢？

在找尋這些問題的答案之前，先來研究一下塔斯馬尼亞的集體屠殺事件，將會大有幫助。

在澳洲的種族滅絕

塔斯馬尼亞是一座多山的島嶼，面積和愛爾蘭差不多，位於澳洲南端二百四十公里遠。歐洲人在一六四二年發現塔斯馬尼亞島，當時島上有五千多名狩獵－採集者。

這些塔斯馬尼亞人和澳洲原住民有親緣關係，但是擁有的技術可以說是現代人群中最簡單的。他們只會製造簡單的石器和木器，沒有迴旋標、不養狗、不會織網、沒有針線，也不會用火，這都和澳洲原住民不同。一萬年前海平面上升，隔絕了澳洲本土和塔斯馬尼亞島，塔斯馬尼亞人沒有長途航海的能力，因此從那時候起就沒有和外界的人類接觸了。當澳洲的白種殖民者前往島上，他們遺世獨立的狀態就被終結了，兩者相見時，世界上沒有比他們在攜帶裝備的差異上更大的兩群人了。

當英國的海豹獵人在一八〇〇年抵達塔斯馬尼亞島時，兩群人之間馬上產生衝突，悲劇隨之發生。白種人綁架了塔斯馬尼亞人中的婦女和兒童，殺死成年男性，擅自進入塔斯馬尼亞人的獵場，想要把塔斯馬尼亞島上的當地人清除殆盡。在一八三〇年，島上東北地區的當地人只剩下七十二名男性，三名女性，沒有兒童。其中一件暴行是四位白種牧羊人突襲了一群當地土著，殺死了三十人，然後把他們的屍體丟到懸崖之下，有些澳洲人現在稱那座懸崖為「勝利丘」（Victory Hill）。

塔斯馬尼亞人自然會還擊，白種人就更嚴酷地報復。為了結束島上的暴力事件，白人政府下令所有的塔斯馬尼亞人必須從已經有白種人定居的地區離開。士兵收到命令，要射殺任何在白種人居住地區的原住民。還有任務是要圍捕還活著的塔斯馬尼亞人，把他們全部遷到附近的一個小島上。許多塔斯馬尼亞人死亡了，但是還有大約兩百人活著，他們是當初五千人最後的倖存者。這些人在弗林德斯島（Flinders Island）島上過著監獄般的日子，飽受營養不良與疾病折磨。到了一八六九年，只剩下三個人還活著。最後一名血統純正的塔斯馬尼亞人是一位女性，叫做楚格尼尼（Truganini），死於一八七六年。只有一些父親是白種人、母親是塔斯馬尼亞人的混血後代留下來。

塔斯馬尼亞人的數量算少的，但是在澳洲歷史中，他們的滅絕是重要的事件，因為這是澳洲殖民政府首度解決的「本土問題」。許多在澳洲本土的白種人也想要仿照解決塔斯馬尼亞人的方式，不過他們得到了教訓，因為屠滅塔斯馬尼亞人的過程全部都呈現在都市的媒體面前，招致負面批評。滅絕數量遠遠超過塔斯馬尼亞的澳洲本土原住民事件，發生在遠離城市的邊境地區。

射殺與毒殺澳洲原住民的工作一直持續到二十世紀，例如在一九二八年，澳洲警方在愛麗斯泉（Alice Springs）殘殺了三十一位澳洲原住民。澳洲本土的原住民太多了，沒有辦法像塔斯馬尼亞人殺到滅絕殆盡，但是根據人口調查，英國殖民者在一七八八年抵達時，澳洲原住民有三十萬人，到了一九二一年只剩下六萬人。

現在澳洲白人對於他們兇殘的歷史，看法差異非常大。政府政策和許多私人的意見比較同情原住民，但是有些白種人拒絕對種族滅絕事件負責。

E

...o really killed ...smania's ...origines?

...ATRICIA COBERN

...descendants of the early settlers of ...ania have been branded as the ...ren of murderers who were respon- ...for the genocide of the Tasmanian ...rigine. Is this really true?

...he *Encyclopaedia Britannica* Re- ...h Service says "... It is a reason- ...assumption that had the island re- ...ned undiscovered and

have never lived there. Calder said ... "the natives had much the better of the warfare ..."

They had developed remarkable skill for surprise attacks. They would stealthily creep up on an isolated farm and surround it. After watching for hours, sometimes days, they would take the occupants by surprise, massacre them and burn their house and out-buildings. Then, they would move on to some pioneer family in another part of the island and repeat the massacre.

A trick frequently employed by the Tasmanian natives was to approach isolated settlers, apparently unarmed. They would wave their arms about in a friendly way and the naive settler, seeing no weapon, would greet them, often

ing in Tasmania at the first white settlers' arrival in 1803 vary from 2000 to a mere 700. Some reports claim 700 would be the absolute maximum at the time of the first settlement and they were, even then, fast dying out.

The factors which killed the Tasmanian Aborigines become apparent after careful research. There were (1) their eating habits (2) hazards of birth (3) lack of hygiene (4) their marriage or mating customs (5) dangerous "magic" surgery (6) exposure to the harsh climate of Tasmania.

The eating habits of the Tasmanian natives alone were enough to wipe them out. It was their custom to eat everything that was available in one sitting. George Augustus Robinson, an authority on Aborigines, described

否認集體屠殺的讀者來函

一九八二年，澳洲大報《公報》（*The Bulletin*）上刊登了一篇讀者來信，內容顯示出有些澳洲白種人依然極力否認在自己國家中發生過的集體屠殺事件。寫這封信的是寇本（Patricia Cobern），她宣稱那些移民到塔斯馬尼亞的人愛好和平、品行端正，並沒有殺害奸詐、殘忍、好戰、下流的原住民，塔斯馬尼亞人是因為健康習慣不良才滅絕的，例如他們都不洗澡，同時也因為他們渴望死亡而且缺乏宗教信仰。寇本指出，塔斯馬尼亞人生活了幾千年，在和白種人移民發生衝突之後滅絕的狀況，只是巧合，是移民受到塔斯馬尼亞人的殘殺，而不是反過來的狀況。除此之外，寇本還認為，移民會攜帶武器，是為了自衛，這些移民根本不熟悉使用武器的方式，當時最多只有四十一名塔斯馬尼亞人死於槍下。

殺光一群人

在歷史中許多時刻，世界上各個地方都曾發生過大規模屠殺事件，有些可以看成是集體屠殺。要怎麼定義「集體屠殺」呢？集體屠殺的意思是「殺光某一群人」，那些人會被殺死，是因為他們屬於某一類群，不是某個人做了某些事情才招致殺害的。集體屠殺的目標是整群人，因為他們屬於同一個類型：

*種族（Race）：例如白種澳洲人殺死了黑皮膚的塔斯馬尼亞人。

*國家：一九四〇年，在第二次世界大戰期間，俄國人在卡廷森林（Katyn Forest）屠殺了波蘭的官員。

*族群差異（Ethnic differences）：一九七〇年代和一九九〇年代，非洲兩個黑膚色的族群，浦隆地和盧安達這兩個國家中的圖西族（Tutsi）和胡圖族（Hutu），彼此殘殺對方。

*宗教：例如在中東的黎巴嫩與其他地區，基督教徒和穆斯林彼此殺害對方。

*政治立場：一九七〇年代，柬埔寨的赤柬（按：柬埔寨共產黨及其追隨者）殺害了數千名柬埔寨人。

由政府推動的殺害行動才算集體屠殺嗎？私人的行為算嗎？答案還不確定。有些種族殺害事件的確是經由政府詳細規劃而且執行的，例如德國納粹殺害猶太人、吉普賽人和其他人；有的是個人殺戮，例如在巴西的土地開發者會雇用專業殺手滅絕當地土著。許多集體屠殺則同時有政府行動和個人殺戮，例如美國的印地安人便是死於一般公民和政府軍隊。

另一個問題和死亡的原因有關。如果許多人大量死亡的原因，是因為無心之舉，本來的目的並不是為了要殺人，但是的確造成了許多人死亡，這樣算是集體屠殺嗎？在美國歷史上有另一個例子。一八三〇年代，美國總統傑克森強迫居住在美國東南部的喬克托族（Choctaw）、切羅基族（Cherokee）和克里克族（Creek）印地安人，遷居到密西西比州，但是由於冬天嚴寒而且缺乏補給品，許多印地安人死於路途之上。這不是傑克森刻意的，但是他也沒有採取保護他們性命的作為。

集體屠殺背後的原因或動機是什麼？有四種動機，而有些屠殺事件並非只有一種動機。

最常見的動機是軍事力量比較強的一方想要占據較弱一方的土地，而後者抵抗了。例如對於塔斯馬尼亞人、澳洲原住民、美國印地安人，以及在阿根廷對阿勞卡尼亞人（Araucanian）的屠殺。

另一個常見的動機是在一個社會中有不同的群體長期爭奪勢力，其中一個群體徹底解決爭奪的方式，便是消滅另一個群體，史上最大的屠殺事件便是這樣產生的。蘇聯（由蘇俄和鄰近國家組成的大國）政府殺害了政治異議者。在一九一七年到一九五九年之間，蘇維埃政府殺了六千六百萬名公民，估計光是在一九二九年之後的十年間，便有二千萬人遭到殺害。

前兩個集體屠殺的動機牽涉到了土地和權力，第三個動機是找代罪羔羊，某些群體因為沮喪或是恐懼，怪罪那些無助的少數族群，並且殺死他們。在十四世紀，基督徒殺死猶太人，只因為當時黑死病流行，基督徒認為是猶太人散播黑死病的。第二次世界大戰時，納粹殺害猶太人的原因是他們認為就是因為有猶太人，德國才在第一次世界大戰中戰敗了。

殺死代罪羔羊有時也涉及了第四種屠殺的動機：種族迫害或宗教迫害。納粹殺害猶太人和吉普賽人的理由之一，是「種族淨化」，就是換了名稱的種族迫害。宗教迫害的事件就多了，例如在一〇九九年，基督教的十字軍屠殺耶路撒冷的穆斯林和猶太教徒；一五七二年法國的天主教徒屠殺了法國的新教徒。要爭奪土地和權力，或是要找尋代罪羔羊時，種族和宗教通常會成為屠殺的藉口。

動物世界中的殺害與戰爭

人類是唯一會殘殺同類的物種嗎？有些作家和科學家認為的確是這樣的。二十世紀著名的生物學家勞倫茲（Konrad Lorenz）認為，動物具有控制殺戮衝動的本性，讓動物不會殘殺同類。但是在人類的歷史中，這樣的平衡狀態被打破了，因為人類發明了武器，人類的本能沒有強到能夠拉回拿著新型殺戮武器的手。

不過最近幾年的研究，記錄到許多動物殺害同種的事件。如果殺死鄰近的個體或是群體，能夠占領牠們的領域、食物或是雌性，那麼對殺害者便是有利的。不過攻擊對方等於自己也可能會受到反擊，會受傷甚至死亡。仔細研究這樣潛在的成本和利益，就能夠解釋為何有些物種會殺害同類，但是有些卻不會。

非社會性動物是獨居的，牠們殺害同類時只殺害單一個體。但是獅子、狼、鬣狗和螞蟻這樣的社會性動物，殺害同類時往往成群結隊。同一群的成員攻擊相鄰的群體，殺死對方，就像是「戰爭」。不同物種間，戰爭的形式也有差異。攻擊者會趕走或殺死雄性，饒過雌性並且與雌性交配，但是也有如狼那般，把雄性和雌性全部殺光的。

為了要瞭解集體屠殺的起源，我們對於黑猩猩和大猩猩的行為特別感興趣，因為牠們是親緣關係和人類最接近的物種。在一九七〇年代之前，生物學家認為，就算是猿類也會殺害同類，人類因為有製造武器和團隊計畫的能力，所以會比猿類更為殘忍好殺。不過之後的調查發現，一般來說，大猩猩和猿類殘忍好殺的程度和人類不相上下。

大猩猩會為了爭奪後宮而打架，勝利者會殺死對方以及對方的嬰兒，這是成年雄性大猩猩與大猩猩嬰兒的主要死因。雌性大猩猩一輩子生下的後代中，有一個是死於殺嬰行為。大猩猩的幼兒死亡有三八％是因為這樣的殺害造成。

現在我們知道黑猩猩會殺害同類，甚至發起戰爭。研究非洲野生黑猩猩的先驅珍古德，在一九七四年到一九七七年之間，詳細記錄了一群黑猩猩被其他黑猩猩消滅的過程。好幾個攻擊群體（其中有雌性黑猩猩）多次侵入了鄰近群體的領域，圍殺那群黑猩猩中落單的成員。數頭雄黑猩猩和至少一頭雌黑猩猩被殺了，剩下的雌黑猩猩被迫加入攻擊群體。科學家也觀察到其他群黑猩猩之間有這類的長期衝突，但是巴諾布猿中沒有。

有跡象顯示殺害同種的黑猩猩是刻意這樣做，並且有簡單的計畫。牠們會快速而且安靜的潛入其他群體的領域，非常小心謹慎，並且在樹上等待，之後突然攻擊「敵方」黑猩猩。和人類一樣，黑猩猩也有排外心理，牠們能夠認得自己群體和其他的成員，對待的方式相差非常多。

集體屠殺就和藝術、語言和藥物濫用等人類特性一樣，可能直接來自於人類的動物祖先。黑猩猩會計劃去殺害與滅絕鄰近的群體，為了搶奪土地而發動戰爭，並且掠奪雌性個體。這些行為都指出，群體生活這個人類的特徵，主要的起因是對抗其他人類群體，特別是人類得到了武器以及擁有足以安排突擊行動的大腦之後。人類的獵物和掠食者，就是人類自己，這種狀況迫使人類必須採取群體生活。

集體屠殺的歷史

如果在動物世界中，殘殺同類不是人類獨有的特性，那麼人類殘殺同類的方式是不是現代文明的不良產物呢？當代有些作家厭惡「先進」社會破壞了「原始」社會，他們認為狩獵—採集社會或是早期社會才是理想的人類社會，想像在這樣的社會中，人類是愛好和平的「高貴野蠻人」，最糟也只有個別的兇殺，而不是屠殺。

有些早期社會的確比較不好戰，但是如果我們回顧早期的歷史紀錄，可以看到集體屠殺事件經常發生。希臘人與特洛伊人之間的戰爭，羅馬人和非洲殖民地迦太基人之間的戰爭，還有亞述人、巴比倫人和波斯人等，戰敗的一方往往是遭到屠滅，或是男性全部被殺死，女性當成奴隸。很多人都知道聖經故事中，在約書亞的號角聲中，耶利哥城牆倒塌了，但是不是每個人都記得接下來發生的事：約書亞遵守上帝的旨意，屠殺了耶利哥城和其他城市的居民。

在十字軍、太平洋島民和其他許多群體中的戰爭中也有類似的情節。當然，屠殺未必緊接著在戰敗之後發生，但是這樣的情況發生的次數太頻繁，沒有辦法看成是人類本質中的例外。光是在一九五〇年到一九九〇年代初期，全世界就發生了將近二十起種族屠殺事件，其中一次是一九七一年發生在孟加拉，另一次是一九七〇年後期在柬埔寨，兩次事件的死亡人數總計超過百萬。死亡人數超過十萬人次的屠殺事件另外還有四次。例如一九九四年的盧安達集體屠殺事件中，有八十萬人遭到殺害；一九九八年以來，剛果民主共和國的屠殺戰爭至少造成二百五十萬人死亡。

在人類和人類祖先的數百萬年歷史中，集體屠殺似乎連綿不絕。這樣漫長歷史中的集體屠殺事件，和現代的有什麼差異嗎？史達林在蘇聯的屠殺以及希特勒在德國的屠殺，毫無疑問在死亡人數上創了紀錄。和以往比較起來，他們有三種新的優勢：人口更密集、通訊方式進步使得圍捕受害者的效率提高，以及大規模殺人的技術進步。

科技進步是否讓進行屠殺的心理障礙減輕了？這很難說。生物學家勞倫茲認為的確如此，他的想法是，人類從猿類演化而來的過程中，個體之間愈來愈需要彼此合作，如果人類沒有很強的自制本能，能夠抑制殺人衝動，那麼社會將不會存在。在人類歷史大部分的時間中，人類只有近距離殺人武器，但是到了現代，有了新型武器，按下按鈕就可以殺死遠方的人。不用看到被殺死的人，使得這層心理障礙消失，所以我們現在比較

14-5-7-8
21

能夠忍受大規模屠殺。

這個心理學的說法是否真的能夠解釋現在為什麼有那麼多集體屠殺，我無法論定。以往的屠殺事件頻率和現代沒有不同，只是受害人數比較少。為了深入瞭解集體屠殺，我們必須還要考慮殺人的倫理學，也就是分辨對錯的準則。

我們爲什麼打破倫理？

倫理道德觀總是能夠拉住我們，不犯下殺人這種事，我們知道有些事情是不對、不符合道德的，例如殺人。那麼問題來了：什麼東西解放了殺人的衝動？

關鍵在於我們演化出了「我們」和「他們」的概念。早期的人類和黑猩猩、大猩猩、獅子以及狼一樣，集結成小團體生活，每個小團體有自己的領域。當時人類所面對的世界比較小、比較簡單。每個「我們」只知道幾種「他們」，也就是相鄰的其他團體。就算是在現代，有些人類還是這樣過日子的。

例如在新幾內亞，每個部落會和最鄰近的部落結盟，但也會發生戰爭，關係會持續變化。某個人進入隔壁的山谷中，可以是友善的訪問（但是並非完全不會遭遇到危險），

右頁圖：
一個小孩看著波布罪惡館（Tuol Sleng Museum）中的照片。這座博物館本來是所學校，後來成為監獄及刑求中心。這座博物館是為了紀念1970年在柬埔寨屠殺事件死去的人而設立的。

也可以是攻擊行動，但是幾乎不可能穿過好幾個山谷時都收到熱情的招待。規範對待同屬於「我們」成員方式的強大規則，並不適用於「他們」，也就是那些住在「我們」周圍但是難以理解的對象。

在有些社會中，人類所面對的世界變得更大、更複雜，但是這種部落的領域概念依然存在。古代希臘留下的文獻顯示，希臘人視自己為「我們」，把其他人當成「他們」。在這樣的概念中，並不會把人人看成是平等的，而是要回報朋友、懲罰敵人。人類群體其實和鬣狗群和黑猩猩群一樣，對於行為有雙重標準。對於殺害「我們」的成員，有很強的抑制；但是如果要殺害的對象屬於「他們」，只要能夠保持自己處於安全的狀況，那就是可行的。

隨著時間，這種古代的雙重標準漸漸不符合道德準則。我們認為應該要有共同的行為標準，要平等待人，對待不同的人要有類似的方式，集體屠殺直接和這種共通的標準衝突。平等對待是現代共通的道德標準，那麼那些犯下集體屠殺的人是怎樣擺脫衝突的呢？很簡單，他們用下面這三種藉口責怪受害者。

首先，相信這種共通道德準則的人，大部分也相信有權力自衛。這是個好用的方法：欺騙或是壓迫「他們」，使得「他們」做出一些讓「我們」不得不自衛的行為。希特勒發動第二次世界大戰時，也宣稱是為了自衛。他還精心布置，假裝德國邊境的崗哨受到了波蘭的攻擊。

第二，宣稱「我們」具有「正確」的宗教或政治信仰，「我們」是好的種族，或是宣稱自己代表了進步或是更高水準的文明。這是讓我們對「錯誤」的人或有「錯誤」信仰的人為所欲為（包括屠殺）的傳統藉口。

最後，我們的倫理準則認為人類和動物是不同的。在現代世界中犯下集體屠殺的人，經常把受害者比成動物，好讓自己的殺戮行為合理。納粹認為猶太人是非人類的蝨子，遷居到阿爾及利亞的法國移民把當地的穆斯林稱為老鼠，南非的荷蘭人移民後裔把當地黑皮膚的非洲人看成狒狒。

美國人在對待美洲印地安人的時候，這三種藉口全部都用上了。我們宣稱相信共通的倫理規則，因此傳統上對於屠殺的態度與流傳下來的屠殺故事，都說是為了自衛才殺死印地安人，白種人社會比較優異，而且必定要將進步散播到這片土地上，那些受害者都是野蠻的動物。

最後一人

一九一一年八月二十九日，一位饑餓又受驚的印地安人出現在加州北部偏遠的山谷中，叫做伊希（Ishi），屬於雅拿族亞西部落（Yahi Tribe），他是這個部落經過集體屠殺後殘存的最後一人，之前在山谷中躲藏了四十一年。

大部分亞西人在一八五三年到一八七〇年之間被移民殺害了。在一八七〇年的屠殺中，有十六位族人存活下來，他們躲到拉森山（Mount Lassen）的荒野中，過著狩獵—採集的生活；到了一九〇八年，人數只剩下四名。這一年調查員偶然發現他們的營地，並且帶走了工具、衣物和儲備過冬的糧食，結果伊希的母親、姊姊和一位年長男性死亡了。伊希自己一人過了三年，覺得活不下去了，就走入了白種人的文明之地，準備受死。加州大學舊金山分校博物館雇用了他，他在一九一六年死於結核病。

伊希不是最後一位亞西人，但是他是已知最後的一位美國「野生」的印地安人。他死去十五年之後，消滅這個部落的白種人兇手，還把這個集體屠殺的過程寫成書出版。不過現在我們記得伊希是這個部落的殘存者，在他加入的白種人社會中，他分享了關於印地安語言和工藝的知識，以及自己的故事。

左頁圖：
伊希在1916年去世，他是美國某一個集體屠殺事件後唯一的殘存者，他的族人印地安亞西部落全部都被滅絕了。

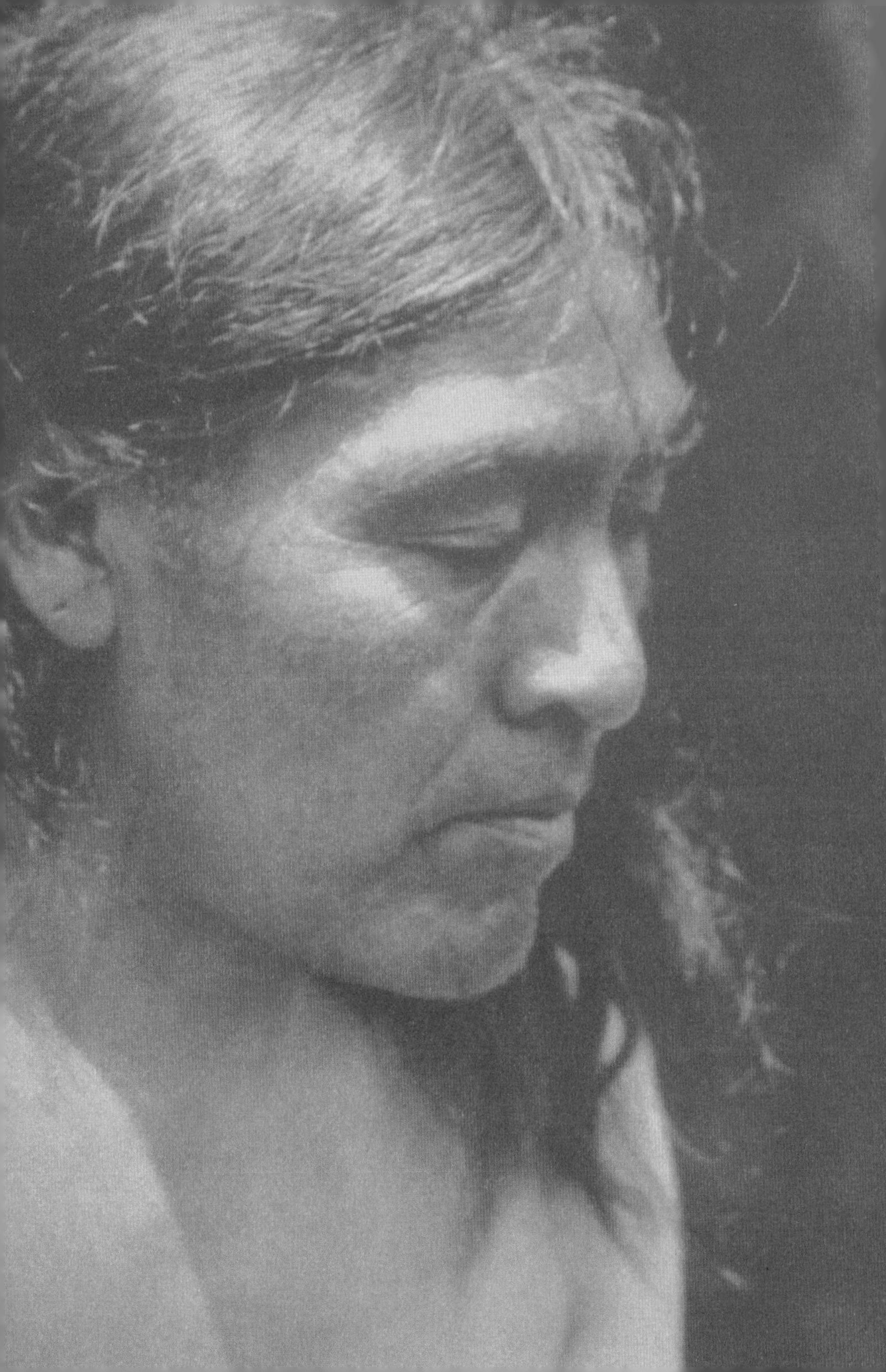

展望未來

智人未來會發動怎樣的集體屠殺？世界上有許多混亂的區域將有可能發生集體屠殺，現代的武器可以讓一個人在遠離戰場的地方就殺死許多受害者。有些人能夠發動全面集體屠殺，殺死所有的人類，也是可以想見的。

但是，我也看到了未來不會如同過去那般血腥的原因。現在許多國家中，不同種族、宗教和族群的人居住在一起，雖然獲得的社會公義不同，但是至少沒有發生大規模的殺害事件。有些維持和平的人開始介入，預防、減緩或是終止了一些集體屠殺。

此外，讓我看到希望的跡象，來自於旅行、電視、照片和網際網路。我們可以見到居住在千里之外的人，他們和我們一樣。集體屠殺的原因之一是「我們」和「他們」之間有明顯的界線，科技讓這種界線變得模糊。在「第一次接觸」之前的世界中，人們可以接受集體屠殺，甚至讚揚集體屠殺，如今各種文化在國際之間交流，我們認識了住在遠方的人們，這使得進行集體屠殺的藉口減少了。

然而現在人類還是有可能進行集體屠殺。隨著世界上的人口愈來愈多，不同社會之間的衝突更加激烈，人類互相殘殺的動力將會加強，同時有優異的武器進行殺戮。聽到集體屠殺的事件讓人痛徹心扉，但是如果我們轉過頭去，不願意瞭解人類本質中造成毀滅的一面，那麼總有一天，我們會成為殺人者或是受害者。

PART FIVE

人類進展一夜反轉

現在在新墨西哥州的查科文化國家歷史公園中，有一座房舍，這是查科峽谷中最大的建築廢墟「普韋布洛」。阿那薩吉人曾在此定居。

人類這個物種現在已經遍布地球，並且掌握了這個行星大部分的資源，這是前所未有的。聽起來是好消息，但是也有壞消息。我們逆轉這種進展的速度，要比之前發展速度還要快，下面這三章會討論這個狀況。人類的能力威脅到人類自身的續存，我們會馬上把自己消滅殆盡？或是慢慢陷入全球暖化、環境汙染、人口增加而食物不足，以及生存所需的生物都滅絕殆盡的泥沼中呢？這些危機真的是在十八世紀末到十九世紀工業革命之後才出現的嗎？

大部分的人都相信大自然會維持平衡的狀態：掠食者不會把獵物滅絕，草食動物不會把野草啃食殆盡。從這個觀點來看，只有人類格格不入。如果確實如此，那麼大自然將不會給人類什麼教訓，因為動物和環境之間從來都不會失去平衡。

事實是，現在人類消滅物種的速度，遠高於物種在自然狀況下滅絕的速度，例外的狀況是六千五百萬年前的大滅絕事件，那可能是小行星撞擊地球所造成的，在那次事件中，恐龍滅絕了。不過，大自然中依然有某些物種滅絕其他物種的例子，這通常是發生在掠食者到了新的環境之後，當地的獵物並沒有習慣新掠食者所發生的結果。在這些獵物物種消失之後，掠食者會改吃其他物種。

大鼠、貓、山羊、豬、螞蟻和蛇，曾被人類帶到新的環境中，在那裡這些動物變成了物種殺手。舉例來說，澳洲有一種棲息在樹上的蛇，在第二次世界大戰期間，意外經由船隻或飛機被帶到了太平洋上的關島，島上原本是沒有蛇的。現在澳洲樹蛇已經快要把關島上的森林鳥類滅絕殆盡，因為這些鳥類沒有足夠的時間演化出對抗蛇的行為。

轉移獵物的掠食物種中，人類是絕佳的例子，我們在某種獵物滅絕之後，轉而獵捕其他新的獵物種類。從蝸牛、海藻到鯨魚，從蘑菇到草莓，我們通通都吃下肚，如果快要把某個物種吃光了，人類就改吃其他食物，因此，當人類遷徙到地球上新的土地時，都伴隨著一波滅絕事件。例如一千五百年前玻里尼西亞人移居到夏威夷時，當地許多鳥類種類滅絕了。

其他動物會這樣嗎？牠們會摧毀生活所需的資源嗎？這種狀況並不常見，因為動物的數量會隨著食物的供應量而增減。不過的確有些動物族群因為把食物吃光而整個族群死亡。一九四四年，二十九頭馴鹿被放到了白令海峽的聖馬太島上；到了一九六三年，島上的馴鹿已經繁殖到六千頭，但是馴鹿的食物地衣生長緩慢。在那座小島上，馴鹿沒有辦法遷徙到其他地方，只能一直吃地衣，使得地衣數量無法恢復。有一年冬天特別寒冷，馴鹿死亡殆盡，只剩下四十一頭雌鹿和一頭不孕的雄鹿，最後族群全滅，留下骨骸四散的島嶼。

動物的「生態自殺」往往出現在控制族群數量的外力突然消失之後，而人類最近從這種外力中解脫出來。我們很久之前就免於受到掠食，現代醫學使得因感染病死亡的人數大幅減少。在以往，殺害後代以及幾乎持續不停的戰爭會限制族群的大小，但是現代社會已經逐漸無法接受這些事情。人類的數量持續增加，但是聖馬太島上馴鹿的故事告訴我們，族群是不可能無限膨脹的。

人類的現況可以和動物世界情況比擬。人類和許多改變獵物的掠食者一樣，在新環境中殖民或是得到了新的力量之後，就滅絕了一些獵物物種。人類也和那些脫離數量增加限制的動物族群一樣，我們正在毀滅所需要的資源，使得人類自己將會遭到毀滅。

那麼，在工業革命之前，人類和生態環境處於平衡狀態的觀點正確嗎？只有到了現代，人類才會滅絕物種，並且過度使用自然資源嗎？最後這幾章我們將會檢視這個概念。我們最先要研究的是「人類與大自然和平共處的黃金歲月」這種信念，接下來要仔細探究的是美洲大型哺乳類動物的消失事件，這個大規模的滅絕事件在人類抵達美洲之後發生，過程激烈，是最大的滅絕事件之一，但是其中也有許多爭議。最後，我們將要評估有多少物種已經被人類逼到滅絕的境地，以及這種狀況對人類未來的影響。

第14章
沒有發生過的黃金時代

歐洲人剛開始移民到美洲的時候，那裡的空氣和河流澄澈乾淨，大地鮮綠，大平原上滿滿的美洲野牛。現在我們呼吸的是霧霾，擔憂飲水中的有毒化學物質，在大地上鋪著水泥柏油，幾乎看不到大型的野生動物。在空氣與海洋持續受到汙染的狀況下，情況只會愈來愈糟，也確定有更多的物種會滅絕。

對於這個每況愈下的狀況，有兩個簡單的理由可以清楚解釋。一個是現代科技所具備的力量遠遠超過簡單的石斧，造成的破壞也不能同日而語。另一個原因是現在的人口數量遠遠超過以往。但是可能還有第三個理由：態度的改變。現在許多人都住在城市中，但是在工業經濟體系之外生活的人，需要倚靠當地的環境資源才能生存，其中有些人就瞭解這個道理，尊重自然。一位新幾內亞部落的人曾對我解釋：「我們的習慣是，如果有人某天從村子出發，在某個方向獵捕到了鴿子，那麼他要一個星期之後才能再獵鴿子，而且要往相反的方向出發。」我們現在才開始瞭解，許多所謂未開化的人群，執行了優異的保育策略。

那些對工業社會造成的破壞深惡痛絕的環境保護者，正努力想要把世界恢復成以往「黃金時代」的模樣，希望每個人都過著新幾內亞那些部落居民一般的生活，與大自然和諧共存。不久之前，我和許多環境保護者都相信這種懷舊的看法，因此考古學家和古生物學家最近的新發現，讓我們飽受衝擊。現在我們清楚瞭解到工業社會出現之前的好幾千年中，人類就一直滅絕物種、破壞棲息地，刨去自己生存所需要的根基。

如果這些發現是正確的，那麼我們可以用這些歷史案例預測人類未來的命運嗎？這些新發現能夠解釋為何一些古代文明神祕的消失了嗎？例如復活節島文明或馬雅文明？

沒有摩亞鳥的紐西蘭

紐西蘭是位於澳洲東部太平洋上的島國，英國殖民者在十九世紀移民到紐西蘭時，發現島上除了蝙蝠之外，沒有原生的哺乳動物。不過他們發現了一些大型鳥類的骨骸與蛋殼，這些鳥已經滅絕了，當地的原住民毛利人（數百年前移居到紐西蘭的玻里尼西亞人）稱這類鳥為「摩亞鳥」（moa，也叫做恐鳥）。

摩亞鳥長得像駱駝，最大的種類可以超過三公尺高，重達二百二十多公斤。摩亞鳥吃的是嫩枝和樹葉，在紐西蘭上，他們就像是鹿或是羚羊之類的草食動物，不過是鳥而不是哺乳動物。在歐洲人抵達紐西蘭之前，島上還有其他鳥類也消失了，有些是體型大而且不會飛行的鳥類，包括一種大型的鴨子和巨型的鵝。這些不會飛翔的鳥，是當年飛到紐西蘭鳥類的後裔，牠們在演化的過程中，翅膀消失了。因為紐西蘭沒有人類和其他哺乳類掠食者，所以牠們不需要翅膀。紐西蘭其他小型原生物種也有許多已經滅絕或是將近滅絕，包括蛙類、蝸牛、大型蟋蟀，以及一種類似老鼠的蝙蝠，牠們能夠捲起翅膀奔跑。

化石紀錄顯示，摩亞鳥在紐西蘭生活了數百萬年。牠們為什麼滅絕了？何時滅絕的？當西元一千年毛利人的祖先抵達紐西蘭時，摩亞鳥和其他原生物種是否還活著？

一九六六年我首度造訪紐西蘭時，人們認為是氣候變遷造成摩亞鳥滅絕。毛利人剛出現時，牠們已經來日無多了。人們相信毛利人愛惜環境，不會滅絕摩亞鳥。但是三個新的發現，顛覆了這個想法。

首先，紐西蘭的冰河時期約在一萬年前結束，之後的氣候更適合摩亞鳥。摩亞鳥滅絕的時候，環境中充滿食物，而且氣候是數千年來最好的。

第二，從毛利人考古遺址發掘出的摩亞鳥骨骸在定年之後，確定在毛利人剛踏上紐西蘭海岸時，所有種類的摩亞鳥數量都很多，其他還有許多種類的鳥，現在也只能從化石認識牠們。幾百年中，這些鳥類都滅絕了。幾十個物種在紐西蘭安居了數百萬年，然後在人類抵達之後便死光，這也太巧了。

第三，有一百多座毛利人考古遺址，顯示毛利人曾經切割了大量摩亞鳥，用土造爐灶烹煮，並且丟棄了殘骸。毛利人吃這些鳥的肉，把皮和羽毛當成製作衣物的原料，把骨頭製成魚鉤和飾品，同時在蛋上面鑿洞，放出蛋液後用蛋殼裝水。大量的摩亞鳥遺骸顯示，毛利人長久以來，一直殺害這些大型鳥類。

現在我們已經很清楚，毛利人滅絕了摩亞鳥，因為他們把鳥殺了，也取走了蛋，可能還毀滅了牠們棲息的森林。其他鳥類也遭到滅絕。

那麼蟋蟀、蝸牛和蝙蝠這些比較小的生物為什麼也滅絕了呢？森林消失可能是原因之一，但是主要是毛利人意外帶來的其他的狩獵者：鼠類。摩亞鳥是在沒有人類的環境中演化的，因此不會抵抗人類。那些小型的動物也是在沒有鼠類的環境中演化的，所以無法抵抗齧齒動物。

當第一批毛利人踏上紐西蘭，他們發現這片土地上到處都是陌生的生物。如果沒有發現這些生物的化石，我們也會認為牠們是從科幻世界中跑出來的。毛利人當時好像是到了另一個有生命演化的星球，之後，紐西蘭許多生物社群便崩壞了。歐洲人抵達之後，造成第二次崩壞，又有一些物種滅絕了。現在紐西蘭鳥類的物種是當初毛利人剛抵達時的一半，許多殘存下來的鳥類，不是將近滅絕，就是只能生活在有害哺乳動物稀少的島嶼上。幾百年的狩獵終結了摩亞鳥數百萬年的歷史。

馬達加斯加上消失的巨型動物

玻里尼西亞人不是唯一在史前時代讓生物滅絕的人。在距離紐西蘭半個地球遠的地方，非洲外海有世界第四大島馬達加斯加，島上的原住民是馬達加斯加人，他們是玻里尼西亞人的後代。玻里尼西亞人擅長長途航海，他們越過了印度洋，和非洲東部的人做生意，並且有些在一、兩千年前定居到馬達加斯加島上。

馬達加斯加上有許多獨一無二的生物，包括二十多種類似猴子的小型靈長類動物，叫做狐猴。在馬達加斯加的海灘上，有足球大小的蛋殼，這顯示當地之前有大型鳥類。這些已經滅絕的鳥類有十多種，不會飛行，身高可超過三公尺，牠們外型類似鴕鳥與摩亞鳥，但是更為巨大，現在稱為象鳥。化石紀錄顯示，馬達加斯加之前有許多大型哺乳動物和爬行動物，其中有巨龜、大猩猩那般大的狐猴，以及牛一樣大的河馬。

這些滅絕物種的化石，都是在只有數千年歷史的遺址中挖掘出來的。由於之前牠們已經演化並且存活了數百萬年，不可能全部在人類出現之前就死光。事實上，象鳥殘存的時間很久，阿拉伯的商人也知道牠們，並且在《辛巴達歷險記》中變身為巨鳥。

當然馬達加斯加上大型動物的消失，不全然是早期馬達加斯加人造成的。比起狩獵，有些非刻意的人類行為可能讓大型動物死得更快。人類焚燒森林，好取得放牧牛羊的草地，這使得動物的棲息地遭到毀滅；而人類引進的豬、狗可能會捕食在地面的動物和蛋。葡萄牙探險家在西元一五〇〇年抵達馬達加斯加時，之前遍布島上的象鳥已經消失得一乾二淨，只留下散在海灘上的蛋殼、地上的骨骸，以及關於巨鳥的模糊記憶。

復活節島的問題

讓所謂「黃金時代」蒙上陰影的還不只滅絕物種，早期的人類社會也會破壞生物棲地。一個明顯的例子發生在復活節島上，這個太平洋上的島嶼距離南美洲國家智利三千六百公里遠。

自從荷蘭探險家在一七二二年「發現」了復活節島和島上的玻里尼西亞居民之後，神祕的氣氛便籠罩在那座島上。這座島是全世界最孤立的島嶼，島上的居民以火山岩為原料，雕鑿了數百座雕像，這些雕像最重達八十五公噸，高達十二公尺。在沒有金屬與輪子的狀況下，除了人力之外

左頁圖：
巨大的雕像佇立在荒廢的復活節島上，朝外凝視。這座島本來有興盛的文明，後來因為居民把島上的樹木砍盡而崩潰了。

沒有其他動力來源，島上居民卻能夠把許多雕像搬到距離採石場數公里外的平臺上。有些雕像沒有完成或是遭到廢棄，就像是雕刻者和搬運工突然放下工作。在荷蘭的探險家抵達時，許多雕像依然佇立，但是到了一八四〇年，島上居民把所有雕像都推倒了。這些巨大的雕像是如何製造與搬運的？島上居民為什麼突然就停止雕鑿並且後來還把雕像推倒呢？

為了回答第一個問題，現在島上的居民把雕像放在圓木推動，讓二十世紀研究人員海爾達（Thor Heyerdahl）看他們祖先移動雕像的方式。考古學和古生物學揭露了第二個問題的答案，這牽涉到島上殘酷的歷史。玻里尼西亞人大約在西元四〇〇年開始在復活節島上生活，當時島上覆蓋著森林。居民逐漸砍伐樹木，以取得木材，並且騰出土地栽種作物。大約在西元一五〇〇年，人口數量達到了七千人，這時島上居民已經雕鑿了千座雕像，並且至少豎立起三百二十四座。

但是這時森林已經完全被摧毀了，一棵樹都沒有了。

因為島上沒有可以用來搬動與豎立雕像的圓木，雕刻工作就停止了。森林消失的後果還有饑荒。沒有森林，土壤受到侵蝕，農作物的產量跟著下降；沒有樹木，也就沒有辦法製造捕魚所需的獨木舟。戰爭屠殺與人類自相殘殺與互食使得島上的社會崩潰，矛頭散落滿地。敵方的宗族把其他宗族的雕像拉倒，人們躲在洞穴中求自保。當初能夠支持傑出文明的翠綠土地後來變成我們現在看到的復活節島：沒有樹木的草地上有傾倒的雕像，能夠供養的人數不到原來的三分之一。

太平洋上的「神祕島」

太平洋上的哈德森島（Henderson Island）是一座偏遠的小島嶼，這座珊瑚礁島上叢林茂密，地上到處都是裂縫，無法進行農耕。一六〇六年歐洲人發現這座島嶼時，這島完全不適合人類居住，但是後來考古學家在島上發現了三種鴿子和三種海鳥的骨頭時，嚇一大跳，因為這些鳥在五百年到八百年前已經滅絕了。考古學家也在其他有玻里尼西亞人居住的海島上，發現了這六種鳥和其他相近的物種化石。在那些島嶼上，顯然是人類滅絕了鳥類。但是在無人居住的哈德森島上，鳥類為什麼會滅絕呢？

在哈德森島上發現了考古遺跡之後，這個謎題便有了答案。歐洲人發現這座島嶼之前，玻里

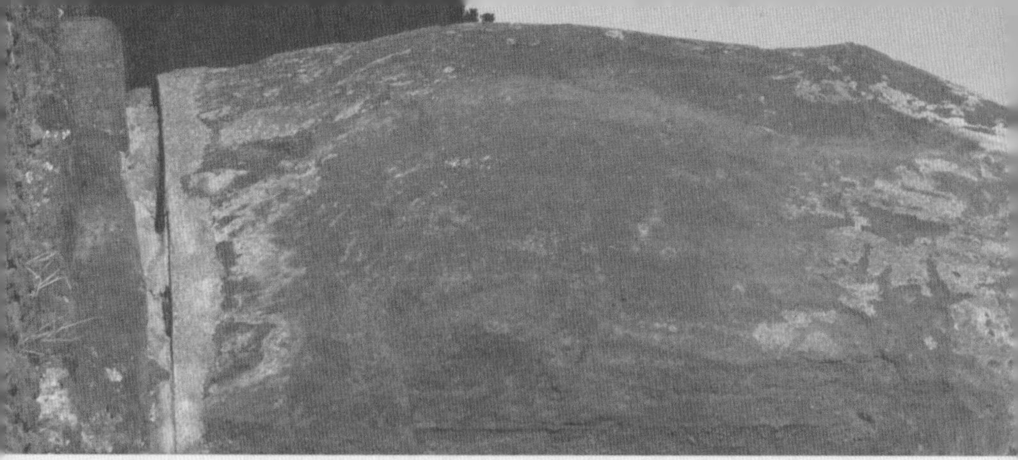

尼西亞人曾經在島上居住了數百年，他們靠著鴿子、海鳥及魚類為生，後來鳥都被吃光了，食物來源完全消失或是不足，那些人可能餓死或是離島而去。在太平洋上，至少還有十一座類似的「神祕島」。歐洲人發現這些島嶼時，上面都沒有人居住，但是考古證據指出玻里尼西亞人曾經在那些島嶼上居住，有些還居住了數百年。這些島嶼不是很小，就是不適合耕作，島上的居民吃的是鳥類和其他動物。

我們知道早期玻里尼西亞人在夏威夷和其他島上生活了很久，過度利用並且滅絕了鳥類。如果他們也在那些「神祕島」上居住過，那麼在海洋上的這些小島，就像是人類摧毀了自己所需資源後，遺留下來的墓園。

島嶼和大陸

玻里尼西亞群島和馬達加斯加島上發生的事情，說明了首批人類移民者在大型島嶼上定居之後，可能引發的生物滅絕浪潮。在沒有人類的島嶼上，生物能演化出現代生物學家前所未見的大型動物。地中海的島嶼，例如克里特島和賽浦路斯曾有小型犀牛和大型烏龜、矮象和矮鹿。西印度群島後來消失的動物有地懶、熊那麼大的齧齒動物，以及各種大小的貓頭鷹：從普通大小的、大型的、龐大的到巨型的，此外還有蜥蜴、蛙類、蝸牛和鳥類等，各島嶼總加起來有好幾千種物種。

考古學家歐爾森（Storrs Olson）稱這些島嶼上的物種滅絕為「自然史中發生最快也最劇烈的生物巨變」。在確定那些動物留下最後一塊遺骸的時間以及人類首度登上那些島嶼的時間之前，我們無法確定是不是和玻里尼西亞群島和馬達加斯加島一樣，由人類造成了滅絕。

大陸上也發生過滅絕的浪潮，那是在更久之前。大約在一萬一千年前，北美洲和南美洲的大型哺乳類動物幾乎都滅絕了，這也是美洲印地安人的祖先最早踏上美洲的時間。是印地安人殺光了那些動物？或是因為那時剛好發生了氣候變遷而造成動物死亡？原因科學家都還爭議不下。在下一章中，我將會解釋我認為是人類獵殺的原因。不過和靠近現代的滅絕事件相比（例如千年前毛利人殺光了摩亞鳥），要指出一萬一千年前滅絕事件的確實原因和時間，要困難得多。例如在過去五萬年，現代澳洲原住民的祖先便在澳洲居住了，後來澳洲許多大型動物也滅絕了。我們並不清楚是否是人類造成了這些動物滅絕。

可以非常確定人類首度踏上那些島嶼時，對島嶼上的物種而言是項災禍。但是在大陸上的狀況是否也一樣？塵埃尚未落定。

阿那薩吉啓示錄

在工業時代來臨之前，人類摧毀棲地的另一個例子，和北美洲最先進的印地安文明有關。當年來自西班牙的探險者到了現今美國的西南方，在一棵樹都沒有的沙漠中，發現了許多數層高的房舍，西班牙人把這些房子稱為「普韋布洛」(pueblos)，其中在現在新墨西哥州查科文化國家歷史公園（Chaco Culture National Historical Park）中的一座房舍，長兩百公尺、寬九十五公尺，五層樓高，裡面有六百五十個房間，是十九世紀末鋼鐵摩天大樓出現之前北美洲最大的建築物。當時住在這個地區的納瓦荷印地安人（Navajo）只知道建築這些房舍的人已經消失了，他們稱之為「阿那薩吉人」(Anasazi)，意思是「古代人」。

查科的房舍大約是在西元九〇〇年開始建築的，但是才過了兩百多年，到了十二世紀，那裡就沒有人居住了。阿那薩吉人為什麼要在貧瘠的荒地上建立一座城市，他們又是從哪裡取得生火的木材，以及搭蓋屋頂所要的二十萬根梁柱？為什麼後來放棄了這座城市？

普遍的看法是乾旱逼得阿那薩吉人離開了查科谷地，但是在查科遺留下的植物則道出了不同的故事。考古植物學家研究古代留下的植物，調查了查科地區周圍的植物殘留物，發現到在這些房舍興建的時候，四周不是沙漠。事實上，當時這些房舍是位於森林之中，林中主要是矮松和檜木，附近還有一座北美黃松林，這種樹要比矮松高，那些林木是阿那薩吉人的柴火和建材的來源。

人們在查科居住時，周圍的林地和森林逐漸受到砍伐，變成了沒有樹木生長的荒地，成為現在看到的模樣。當時的人必須要到十五公里外才能取得柴火，要到更遠的地方才找得到大到可以當建築材料的樹幹。他們精心建造了道路系統，能夠把八十公里外生長在山地上的雲杉和冷杉樹幹拖回城裡，完全使用人力。

房舍區周圍沒有了森林，土壤侵蝕和水源流失加劇。阿那薩吉人打造了為田地供水的灌溉溝渠，這時候也愈挖愈深，最後地下水位可能下降到比溝渠還要低了，溝渠無法引水出來，沒有灌溉水源便無法讓作物生長。阿那薩吉人可能是因為乾旱才離開查科谷地，但也是自己讓旱災的結果變得更嚴重。

文明搖籃的生態崩壞

另一個生態崩壞的例子則說明了古代文明的權力中心為什麼一直轉移，這個例子是中東約旦王國的城市佩特拉（Petra）。人類文化的許多關鍵發展是在中東出現的，包括農業、動物馴化、書寫文字、帝國，以及馬匹拉動的戰車。當亞歷山大大帝攻下了波斯（現在的伊朗）之後，古代世界的權力重心便從中東轉移到希臘，後來轉移到羅馬，之後是西歐和北歐。為什麼每個掌握權力的地區或是國家會失去權力核心的地位呢？

有一個可靠的理論是，每個古代文明中心最後都耗盡了資源。現在中東和附近的地中海沿岸看起來乾燥、荒蕪、過度開發，但是以往並非如此。古代這裡植物茂密，長滿林木的山丘之間散布著肥沃的河谷。人類砍伐森林、把斜坡整理成農地，過多的牲畜啃咬青草，密集栽培的作物使得地力無法恢復。每次這樣的結果便是土壤流失、洪水爆發、農作物歉收，當地的人類社會隨之崩潰。

古代環境崩壞的論點有歷史文件和現代考古證據的支持。其中之一是「失去的城市」

佩特拉，電影《聖戰奇兵》有些場景在這座從石壁中鑿出的城市拍攝，使得它在影迷中名聲大噪。

佩特拉顯然曾是座富裕和強大的城市，延續了數百年，在羅馬時代成為貿易中心，廣為人知。但是在荒涼的沙漠中，這座城市為什麼能夠支撐得下去，後來為何又被拋棄與遺忘？古植物學家研究了當地的花粉和保留下來的植物材料，發現佩特拉原來是在林地之中。就如同查科谷地那樣，居民收集柴火、砍伐木材，他們也放羊，羊吃了樹苗。西元九〇〇年的花粉顆粒顯示當時三分之二的樹木已經消失，草本植物也減少了，佩特拉周圍受到破壞的土地無法再支撐一座大城市了。

佩特拉只是一個例子，世界上還有許多這樣的古代城市，現在像是紀念碑一般，道出當時的生存資源是怎樣被摧毀的。中美洲的馬雅文明，印度和巴基斯坦的哈拉帕文化，可能是因為人口的數量遠超過環境所能負擔，因此整個文明都崩潰了。歷史書經常把焦點聚集在帝王與蠻族的入侵，但是到頭來，砍伐森林和土壤流失可能對人類歷史的影響更為巨大。

堆積物中的答案

古植物學家研究堆積物中的植物殘骸，能夠描繪古代查科峽谷和佩特拉周邊植物的種類，因此我們知道那些地方原來長著森林，後來變成灌木林，最後化為沙漠。但是這些科學家要怎樣才能得到數百年前的花粉和植物纖維呢？有些吃植物的動物會收集各種植物，並且儲藏在地底下的棲息地，這些「堆積物」（midden）就是科學家的研究材料。

在查科峽谷的堆積物是由林鼠（pack rat）這種齧齒動物製造的。通常在用了五十年到一百年後，林鼠就會把堆積物拋棄不用，但是代代林鼠儲存的植物依然留存下來。在沙漠乾燥的狀態中，這些植物成分就算過了數百年，保存

的狀況還是很好。科學家利用放射性碳定年技術，把每個堆積物產生的年代都定出來。這些堆積物就像是時空膠囊，能夠把這個堆積物還在使用時當地的植物種類保存下來。

佩特拉沒有林鼠，但是也有堆積物，是由一種兔子大小的哺乳動物蹄兔（hyraxes）所收集的。蹄兔棲息在中東，像林鼠一樣會在地下儲存堆積物，也是植物材料。佩特拉的古老蹄兔堆積物中最多有一百多種不同的植物，這些樣本讓科學家知道蹄兔在使用每一層堆積物時，同一時期存在的棲地型態以及古代文明環境的樣貌。動物堆積物含有大量的資訊，能夠讓我們知道人類和棲地的歷史。

環保主義的過去和未來

環保主義設想的黃金時代，看來愈來愈像是個神話。但是我們的確知道一些在工業社會之外生活的人群，所作所為確實符合環保，我們也知道並不是所有物種都已經滅絕、所有棲地都受到破壞，所以黃金時代並非全部都陷入黑暗。

小型而且長久的社會中，每個人幾乎都注重環保，他們有很多時間認識周遭的環境，也知道為了自己好，得要照顧環境。當人們突然在不熟悉的環境中殖民時，很容易破壞環境，例如毛利人和復活節島居民。在人們一直推進活動疆域時，也是如此，因為把受到破壞的環境拋下，遷徙到新環境便可以繼續存活了。

人們得到具有摧毀力量的新科技，但是又還來不及完全瞭解這種力量時，破壞便會發生，現在的新幾內亞就是這樣，因為引入了槍枝，使得鴿子急劇減少。大型中央集權國家成立之後，也會有類似的現象，因為手握大權的統治者沒有接觸到生活所需的環境。有些物種和棲地相對比較脆弱，例如沒有翅膀又不懼怕人類的鳥就容易滅絕，美國西南部和地中海周圍乾燥而且脆弱的環境，也較容易受到破壞。

知道了早期人類也會滅絕物種、摧毀自然資源，我們可以得到哪些實際的教訓呢？政府的規劃人員或許要把歷史當成借鏡。目前在美國西南部，大約仍有四百平方公里的矮松—檜木林地，當成薪柴來源，而且用得愈來愈多。但是很不幸，美國林務署（U.S. Forest Service）幾乎沒有資料，能夠用來幫忙決定要砍伐多少薪柴才不會摧毀林地。阿那薩吉人實驗過，結果以失敗收場。查科峽谷中的林地，過了八百年依然無法恢復。支付經費給考古學家去研究阿那薩吉人焚燒了多少薪柴，要比犯下同樣的錯誤，把幾百平方公里的樹林都摧毀要實惠多了。

人類一直難以知道要用什麼樣的速度利用生物資源，才可以使得資源永續而不會耗盡。要等到自然衰退的跡象讓每個人都相信有這回事時，可能已經來不及拯救即將消失的物種或是棲地。我們不能用道德責備利用紐西蘭摩亞鳥的毛利人，以及毀滅矮松—檜木林地的阿那薩吉人，因為這樣的生態問題本來就非常難解決。

現在的我們和陷入生態悲劇的古人之間，有兩個重大的差異。我們有他們欠缺的科學知識，而且我們有溝通與分享知識的方式。我們可以瞭解古代生態災害的情況，但是依然獵捕鯨魚、剷除熱帶雨林，就好像完全不曾有人獵捕摩亞鳥或是砍光矮松—檜木林地。如果以前是無知的「黃金時代」，那麼現在就是刻意視而不見的「鐵器時代」(iron age)。

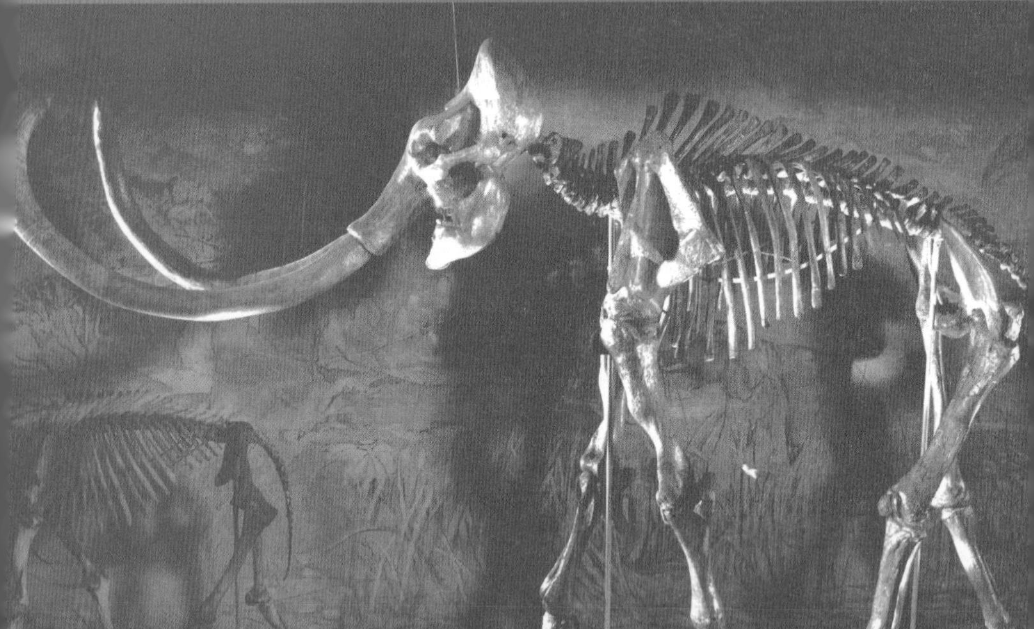

第15章

新世界的閃電戰與感恩節

美國有兩個國定假日是為了紀念歐洲人「發現」美洲，一個是哥倫布登陸美洲紀念日，另一個是感恩節，沒有一個節日用來紀念印地安人的祖先發現美洲。不過考古學的研究指出，這項發現的戲劇程度遠遠超過哥倫布的冒險，以及普利茅斯岩朝聖者的故事。可能在不到一千年的時間內，印地安人便找到了穿越北極冰層的方式，往南席捲到南美洲最南端的巴塔哥尼亞。之後，他們便在這兩塊富饒與未知的大陸上繁衍生息了。

印地安人的南進是智人歷史上最大的拓展行動，這樣的事件不曾再發生，同時也造成了另一件巨大變異：大滅絕。當人類狩獵者首度踏上美洲，他們發現這片大地上滿是現在已經滅絕的大型哺乳動物：猛獁、乳齒象、三噸重的地懶、

右頁圖：
這座哥倫比亞猛獁的骨架站起來高將近四公尺，是全世界最大的骨架。這種動物曾經在北美洲的平原漫遊，一萬年前滅絕了。當時北美洲最早的人類用矛獵捕猛獁和其他大型獵物。

熊一般大的河狸、劍齒虎，此外還有獅子、獵豹、駱駝、馬和其他動物等。

人類和這些動物遭遇之後，發生了什麼事？考古學家和古生物學家並沒有達成共識。對我來說，最合理的解釋是「閃電戰」：人類如同閃電一般快速攻擊動物，一旦發生，大約在十年內，一個地區受到攻擊的動物便快速滅絕了。如果這個看法正確，可能是在恐龍消失之後，最快也最嚴重的大型動物滅絕事件。我們對環境「黃金時代」的無邪想法，被以往許多的「閃電戰」所破滅。最早的「閃電戰」是在美洲發動的。

人類史上最大拓展活動

第一批出現在美洲的人類與當地的動物交鋒，是人類拓展之旅這篇漫長史詩中的最後一幕。人類源起於非洲，向外拓展到亞洲和歐洲，然後從亞洲進入澳洲。這時北美洲和南美洲成為最後一片適合居住但是尚無人跡的大陸。人類是在什麼時候、用什麼途徑進入美洲呢？

北從加拿大、南到南美洲的南端，印地安人彼此的相貌都很類似，其他大陸的人類彼此之間就沒有那麼相近。他們一定是不久之前才抵達美洲，還來不及演化出基因多樣性。同時，美洲印地安人的長相和某些亞洲東部的居民類似。來自考古學以及遺傳學的證據都顯示，美洲原住民源自亞洲。從亞洲到美洲，最容易的路徑是穿過白令海峽，這條狹窄的水道分隔了西伯利亞和阿拉斯加。在二萬五千年前到一萬年前之間的冰河時期，有許多水變成了冰，造成全世界海平面下降，這個時候有一座陸橋連接西伯利亞和阿拉斯加，現在這座陸橋在白令海峽之下。

除了陸橋之外，要移民到美洲還有其他條件：在陸橋的亞洲那一端必須有人類居住。西伯利亞在北極圈內的區域氣候嚴苛，直到人類歷史較晚近的時期才有人類居住。不過到了二萬年前，那裡出現了猛獁獵人，他們留下了石器和其他遺跡。在一萬二千年前，阿拉斯加也出現了類似西伯利亞獵人使用的石器。

冰河時期的獵人抵達了現在的阿拉斯加時，與現在的美國之間隔了另一個障礙：廣大的冰原覆蓋在加拿大。約在一萬二千年，洛磯山脈東部出現了一條沒有冰雪覆蓋的狹窄通道，我們知道這些獵人藉由這條沒有冰的通道，很快往南移動，因為在冰帽南端的考古遺跡中，發現了他們的石器。這時獵人和美洲的大型動物相遇，戲劇事件展開了。

考古學家把這些最先殖民的印地安人祖先稱為克拉維斯人（Clovis），因為最早是在新墨西哥州克拉維斯附近的遺址發現到他們的石器。克拉維斯石器和類似的工具在整個北美洲都找得到，這些工具和早期東歐和西伯利亞獵人使用的工具很類似，但是在石矛尖端的兩側多了溝紋。有了這些溝紋，尖端綁在棍棒上時可以更牢靠，但是我們不清楚獵人是拿著矛刺殺獵物，或是投擲出去。不過，使用矛的獵人非常用力，足以刺進大型哺乳動物的骨頭，科學家曾在發掘出來的猛獁和美洲野牛骨骸中發現這些矛頭。

克拉維斯人散播的速度很快，散播到整個美國本土，大約只花了數百年，時間約在一萬一千年之前。後來克拉維斯人使用的矛頭變得更小、更細緻，稱為「福松矛頭」（Folsom point），這種矛頭最早在新墨西哥州的福松附近發現。科學家只在美洲野牛的骨骸中發現這種矛頭，沒有在猛獁骨骸中發現過。

這些獵人為什麼從克拉維斯矛頭轉用比較小的福松矛頭？可能是因為沒有猛獁、駱駝、馬和大型地懶等其他大型哺乳動物留下，最大的獵物都已經消失，不再需要大的矛頭。北美洲和南美洲的大型哺乳動物物種都同時滅絕了。

許多考古學家認為是冰河時期結束後，氣候變遷和棲地變化造成這些動物滅絕。其實冰河時期結束，動物的棲地增加，而不是減少，因為冰雪融化後的土地變成了森林和草原，而且，美洲的大型哺乳動物在歷經了更早之前二十二次的冰河時期都活了下來。除此之外，喜歡溫暖和喜歡寒冷的物種同時滅絕了，如果是氣候變遷，並不會導致這樣的結果。

美國亞利桑納大學的馬丁（Paul Martin）描述人類與哺乳動物遭遇的過程是「閃電戰」。他認為，最先那些獵人通過沒有冰雪覆蓋的通道後，大量繁衍，因為他們發現了

物種滅絕數量與人類人口數量關係圖

圖片來源：USGS（美國地質調查局）

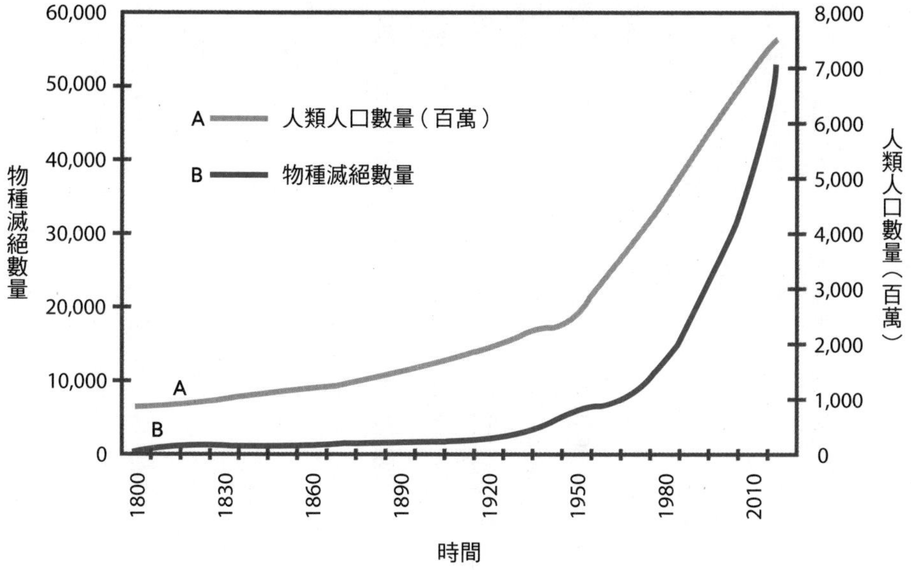

約在西元1800年，人類數量開始大幅增加（右側數量），滅絕的物種數量也穩定上升（左側）。這樣的平行線讓我們想到一個問題：在現代有多少生物是因為人類而滅絕的？

滿滿的大型獵物，這些獵物完全不怕人，而且容易獵捕。某個地區的獵物殺完之後，這些獵人和後代便拓展到新的地區，獵殺那些地方的哺乳動物。當這些獵人抵達美洲南端時，美洲大多數大型哺乳動物便都滅絕了。

美洲最早的人類

馬丁的閃電戰理論引來激烈的批判。懷疑者提問：從沒有冰雪覆蓋的通道過來的那麼一小群人，怎麼可能在一千年內就能夠繁衍到遍布兩座大陸？他們能夠在這段時間越過一萬多公里，到達南美洲南端嗎？克拉維斯人是最先抵達美洲的人類嗎？他們殺害動物的效率為什麼那麼高，讓那麼多種類的數百萬頭動物一個都沒有留下來？

在現代，殖民者在沒有人居住過的島嶼上安頓下來之後，人口成長速度是每年三．四%，這個速度也就是每對夫妻生四個小孩，每代以二十年來計算。如果獵人一開始只有一百人，照這個速度，只要三百四十年就可以增加到一百萬人。如果要花一千年抵達南美洲南端，每年只需要擴張將近十一公里，這其實很簡單。在十九世紀，非洲的祖魯人在五十年內就擴張了將近五千公里。

克拉維斯人是不是最先從加拿大冰原往南散布的人類？這是比較困難的問題，在考古學家之間也爭議得非常熱烈。有些研究人員相信，數十個遺址中的人類遺物，是在克拉維斯人之前遺留下的，但是這些「前克拉維斯人」遺址沒有一個是完全沒有疑問而且受到整個科學界認同的。

相反的，克拉維斯文化則無法被辯駁，到處都有遺址，受到眾人認同。在各個遺址，考古學家都發現一個地層中有克拉維斯人的工具，以及大型絕跡動物的骨骸。在這個地層上比較年輕的地層，有福松文化的工具，但是除了野牛的骨骸外，沒有其他大型哺乳動物的骨骸。在克拉維斯人的地層下面，有豐富的滅絕大型哺乳動物骨骸，往下延續數千年，但是沒有人類的工具或殘骸。對我來說很明顯，克拉維斯人是最早的美洲人。

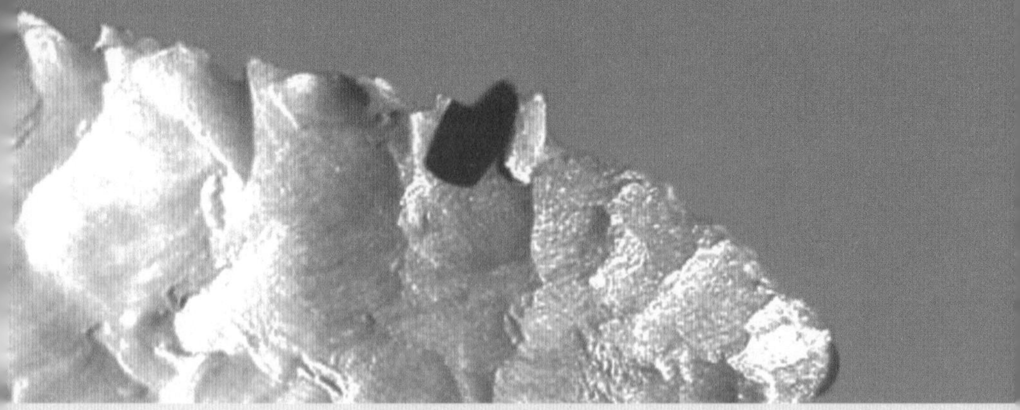

梅多克羅夫特和蒙特維德：問題難解

有些考古學家宣稱發現了比克拉維斯人還要早出現的美洲人類證據。這樣的宣稱幾乎都引起疑問：那些用來進行放射性碳定年的樣本是否混入了更早的材料？用來定年的材料是不是真的和人類的遺物一起發現的？那些被認定是人類的工具，是不是只是剛好形狀與工具相似、其實是天然物？

目前幾乎可以確認在克拉維斯人之前的遺址有兩個，一個是在美國賓州的梅多克羅夫特岩棚（Meadowcroft Rockshelter），有一萬六千年的歷史。另一個在南美洲智利的蒙特維德

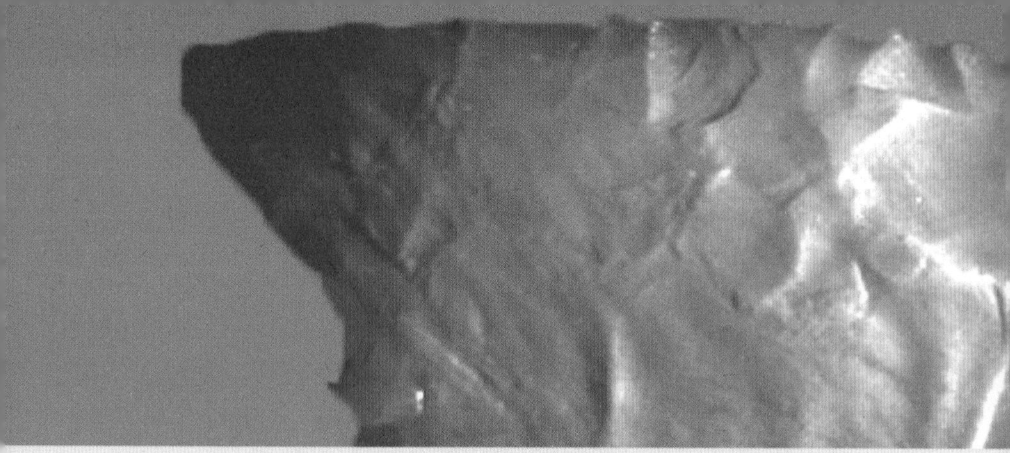

（Monte Verde），有一萬三千年的歷史，這個遺址有許多保存良好的人類器具出土，但是放射性定年卻可能有問題。梅多克羅夫特岩棚的爭論是放射線碳定年是否正確。會特別有這種爭議，是因為在這個遺址發現的植物和動物種類，是最近才在當地出現的，一萬六千年前應該還沒有。在梅多克羅夫特岩棚和蒙特維德的相關疑慮還沒有完全消除之前，應該要把克拉維斯人當成最早在美洲定居的人類。

上圖：
美國國家歷史博物館中所展示的一枚克拉維斯石矛矛頭。博物館位於猶他州鹽湖城。

滅絕猛獁

閃電戰理論中過度獵捕大型哺乳動物而導致牠們滅絕的看法，也引發了熱烈的爭議。很難想像石器時代的獵人能夠殺死猛獁？更別說讓牠們滅絕了。不過我們知道居住在現今俄羅斯南方烏克蘭的新石器時代獵人，經常會殺猛獁，並且把猛獁的骨頭仔細堆疊，搭建成房屋。想想看一群早期美洲的獵人在狹窄的河床上埋伏，用矛擊刺受驚猛獁的景象。這樣的獵殺行動發生了許多次。

我們要記得，美洲的大型哺乳動物可能從來沒有見過克拉維斯人這樣的獵人。在沒有人類的環境中演化出的動物，非常溫馴而且不怕人。我曾造訪新幾內亞遺世孤立的福亞山（Foja Mountain），那裡沒有人類居住，我發現大型的樹袋鼠非常溫馴，我能走到距離牠幾公尺。美洲的大型哺乳動物可能在還沒有演化出對人類的恐懼之前，就已經被殺光了。

克拉維斯人殺害猛獁的速度快得足以讓牠們絕跡嗎？現代的大象繁殖速度很慢，要花二十年數量才能加倍，史前時代的猛獁繁衍的速度可能也很慢。大型動物繁衍的速度往往緩慢，幾乎沒有三年內便能成熟的。克拉維斯人可能幾年內就把某個地區的大型哺乳動物殺光，然後遷徙到別的地區。

克拉維斯人也或許太常獵殺了。一頭猛獁可能有一千二百公斤的肉，但是如果要完全使用這些肉，得把肉曬乾儲存。如果你隨便就可以殺猛獁取得肉，會把成噸的肉曬乾嗎？這些獵人每殺一頭猛獁，可能只會取用其中部分的肉，以及象皮和象牙等所需要的部位。

我們很熟悉現代歐洲和美洲獵人發動的「閃電戰」，他們幾乎殺光了美國野牛、鯨魚、海豹以及其他許多大型哺乳動物。在大洋上原本無人的島嶼，首度登陸的島民也有類似的閃電戰。克拉維斯人在進入之前沒有人跡的新世界後，怎麼可能不發生類似的事情呢？

第16章
頭頂上的烏雲

我這一代人是人類史上第一遭會擔憂自己的孩子和孫子是否能夠存活，或是這個地球是否能夠再繼續居住下去，這是史無前例的。我們這個物種的頭頂上有兩朵烏雲，這兩朵烏雲引發的結果相似，但是我們看待這兩朵烏雲的方式卻截然不同。

第一片烏雲是核子武器可能毀滅全人類。在第二次世界大戰期間，一九四五年，當第一枚原子彈在日本廣島上空引爆，冒出蕈狀雲時，這個危機便顯露出來了。一些國家堆滿了武器，從歷史中我們可以知道，政客有的時候會做出愚蠢的決定。核子危機深深影響了當今的外交局勢。

第二片烏雲是環境崩壞。造成這種崩壞的可能原因之一是全世界大部分的物種正在逐漸滅絕。不過，人人都同意核

右頁圖：
亞馬遜雨林中的牛群。這片森林曾經茂密，最近已全被夷平做為畜牧之用。在全世界，牧養牲畜是造成森林和棲地毀滅的重要原因之一。

彈屠滅非常糟糕，卻對於大滅絕是否正在發生、以及就算發生是否會對人類造成很大的傷害，看法非常分歧。

環境災難發生中？

國際鳥盟（International Council for Bird Preservation）統計，人類在最近幾百年，大約造成一％的鳥類種類滅絕。對這件事，人們有什麼看法？

有一些深思熟慮的人，特別是經濟學家、工業領導人，以及一些生物學家和公民，認為一％這個數字是高估了。的確有些鳥類滅絕了，但是沒有那麼多。不過他們也補充說，就算是一％的鳥類滅絕了，也無關緊要。

以上是一個極端。而另外一個極端，是許多深思熟慮的人，特別是環保生物學家以及隸屬於環境保護團體的人，認為一％這個數字完全是低估了，事實上消失的鳥類更多種。他們認為大滅絕會嚴重損害人類的生活品質，甚至人類的生存。哪一種觀點比較接近事實，將會對未來的人類世代造成巨大的影響。

人類已經讓多少物種滅絕了？在你一生中可能會有多少物種滅絕？在你孩子的一生中將會有多少？這些物種滅絕了真的有關係嗎？不是所有物種終究都會滅絕嗎？大滅絕

只是幻想？或是未來可能發生的危機？或是已經在眼前出現了？

我們先要有真實的數字，才能夠回答這些問題。我們需要知道現代有多少物種已經滅絕了。這個「現代」是大約從西元一六〇〇年開始，這個時候才開始對生物進行科學分類與命名。然後我們需要估計有多少物種在一六〇〇年前就已經滅絕，將來會有多少物種滅絕。辦到這些事，我們就可以問：大滅絕對人類有什麼影響？

當代的滅絕事件

從一六〇〇年以來有一％的鳥類物種滅絕是怎麼算出來的？國際鳥盟列出了在一六〇〇年之後滅絕的一〇八種鳥類和另外許多亞種，這些物種幾乎都是以某些方式死在人類手上，這在後面會詳細說明。目前有九千多種鳥類，一〇八種滅絕，占了約一％。

不過國際鳥盟說的物種滅絕，是說這種鳥在已知棲地或可能出現的地區中滅絕。是不是我們沒有好好找這些鳥呢？在歐洲和北美洲，每年都有幾十萬狂熱的賞鳥人，監控鳥類的物種變化狀況。很不幸，對於植物和其他動物並沒有這樣的監控，世界其他很多地方對於鳥類也沒有這樣的監控。

有非常多物種棲息在熱帶地區，但是大部分的熱帶國家賞鳥人數稀少。我們不清楚許多熱帶物種的現況，因為在這些物種發現之後，沒有人再看到這些生物，或是專門研究牠們。例如新幾內亞的布拉斯吮蜜鳥（Brass's friarbird），除了一九三九年在一座潟湖採集到的十八件標本之外，人類對牠們一無所知，沒有科學家再次前往那座潟湖，所以我們不知道布拉斯吮蜜鳥現在的狀況如何。

至少我們知道在哪裡可以找到這種鳥。其他還有許多物種是十九世紀的探險家發現的，有的時候對於發現這種鳥類的地點，記錄得並不詳細，想要瞭解某種鳥的現況，紀錄地點卻只寫著「南美」。所以對於滅絕的問題，我們並不知道那些有命名的鳥類還有多少依然存活著。此外，是否有些物種在還沒有命名之前就滅絕了？

當然有。科學家認為全世界約有三千萬種生物，但是確認並且賦予名字的還不到二百萬。在植物學研究中，有一個例子可以說明我們為什麼確信許多物種在還沒有命名之前就已經消失了。植物學家根特利（Alwyn Gentry）曾經調查南美洲厄瓜多的一個孤立山頭珊第內拉（Centinela），發現那裡有三十八種別處從來沒有見過的植物。不久之後，這座山頭的森林便被砍光，那些植物也隨之滅絕。

根特利只是剛好在珊第內拉在剷平之前抵達。在無數其他的山頭，有數不盡的植物、蝸牛和其他生物，這些山頭也被剷平。在還沒有發現那些生物之前，我們就把那些生物滅絕了。

馬來西亞消失的魚類

熱帶國家通常物種豐富，但是由於人口成長和經濟發展的需求，這些物種面臨了環境和資源壓力，東南亞國家馬來西亞消失的魚群便是一個典型的例子，說明了這些環境壓力導致滅絕的過程。

生物學家在馬來西亞森林的河流中，發現了二六六種魚類，但是後來該國在低地的森林幾乎全部都遭到砍伐，一項持續四年的研究，只能找到其中的一二二種魚類，還不到原來的一半。其他一四四種馬來西亞的魚類不是已經非常罕見並且只棲息在狹小的地區中，就是已經絕跡了。在還沒有人注意到的時候，這些魚類就將近或已經滅絕。如果馬來西亞的淡水魚種類幾乎或是已經滅絕過半，那麼我們便能夠合理估算熱帶地區植物、魚類和其他物種的狀態。

上圖：鯉科魚類，馬來西亞原生種。

以往的滅絕事件

我們知道在一六〇〇年後，物種一直滅絕是因為人類數量快速增加，遷徙到之前無人居住的區域，還發明了讓破壞加劇的技術。那麼在一六〇〇年之前，人類是怎樣造成物種滅絕的？有估計數量的方法嗎？

五萬年前，人類這個物種只局限在非洲以及歐洲和亞洲溫暖的區域，從那時到西元一六〇〇年，人類向外拓展，占據了其他大陸，以及大洋中絕大多數的島嶼。人類的數量如爆炸般增加，在五萬年前可能只有數百萬人，到了一六〇〇年有五億人。在十四與十五章中已經提到，考古學家研究世界各地的遺跡，發現在最近五萬年中，人類所到之處，都發生了一波滅絕事件。

就算科學家知道這一點，但是依然持續爭論是否人類造成了這些滅絕，或僅僅是巧合，那些生物其實是因為氣候變遷所滅絕的。玻里尼西亞群島和馬達加斯加上的鳥類物種滅絕，沒有人會懷疑不是人類造成的；不過比較早期的滅絕事件，特別是在澳洲與美洲，原因依然處於爭論之中。我懷疑氣候會是真的兇手嗎？氣候的確會變化，卻不是每次變化都會引起滅絕的浪潮，也不會每個地方都發生。滅絕的浪潮和人類遷徙的密切程度，遠大於氣候變遷。

在史前時代，人類不只會因為在新的土地上殖民而使得物種滅絕，也會因長期居住該地而使物種滅絕。最近二萬年中，歐亞大陸上的猛獁、巨鹿和披毛犀絕跡了，非洲的巨型水牛和馬也是。人類一直獵捕這些大型動物，後來發明了更好的武器，便一下子滅絕了牠們。美國加州當地的灰熊，英國的熊、狼和河狸，都是近代才消失的，牠們數千年來一直承受著獵捕的壓力，後來人類數量增加，武器更精良，所以遭到滅絕。

沒有人努力探究有多少種類的植物、蜥蜴或是昆蟲物種在史前時代被滅絕。不過根據島嶼鳥類滅絕的研究結果可以推測，史前時代人類滅絕了大約兩千種在島嶼上生活的物種，有五分之一的鳥類種類在數千年前還存活著，這還沒有算上史前時代被人類滅絕的大陸鳥類。至於大型哺乳動物，科學家研究發現，不只有消失的物種，還有整個屬（一群血緣關係很近的物種）都滅絕的。人類抵達北美洲後，當地的大型哺乳動物中有七三％的屬滅絕；在南美洲和澳洲，分別有八〇％和八六％的屬滅絕。

未來的滅絕事件

人類引發的滅絕，高峰期已經過去了？還是才要開始？我們可以用幾個方式思考這個問題。

要預測未來滅絕的方式之一，是把今日列在瀕危名單上的物種想成明日會滅絕的物種。有多少物種雖然還沒有滅絕但是個體數量已經少到危險的程度了？國際鳥盟估計，目前至少有一六六六種鳥類面臨著滅絕的危機，占了所有鳥類的五分之一。我會說「至少有一六六六種」是因為這是保守估計，資料來自於那些受到科學家注意的鳥類研究，並不是所有鳥類的現況都受到了調查。

鳥類不是唯一受到滅絕危機的動物。哺乳動物、魚類、爬行動物、兩生類、昆蟲和其他比較小型的生物、植物等，許多都在滅絕邊緣。

另一種思考未來滅絕事件的方式，是瞭解我們滅絕生物的手段。在人口數量增加之下，我們主要經由四個途徑讓生物滅絕：過度獵捕、引入外來種、棲地破壞和漣漪效應（ripple effect）。我們來看看這些途徑的效果是否已經不再加重了。

過度獵捕是指殺害動物的速度，超過了牠們能夠以繁殖維持數量的速度。大型哺乳動物被人類滅絕，主要是這個原因。我們已經殺光了能殺光的哺乳動物了嗎？還沒有，過度獵捕使得鯨魚的數量大減，絕大多數國家已經簽訂的國際公約，禁止為了商業目的獵捕鯨魚，但是日本獵捕鯨魚的數量是允許因為要從事「科學研究」而獵捕三倍的數量。非洲的犀牛和大象因為犀角和象牙，受到屠殺的數量也增加了。依照目前的獵捕速度，不只犀牛和大象，其他在東南亞和非洲的大型哺乳動物，除了在動物園和保留區中，將會在數十年後滅絕。

外來種引入是把某個地區的物種，刻意或是無意引入到原來沒有這個物種生長的地區。在美國，一些引入的物種現在完全立足生根，例如褐鼠（Norway rat）、紫翅椋鳥（European starling）和一些真菌，這些真菌會感染破壞美國本土的荷蘭榆（Dutch elm）和栗子樹。這些物種和其他引入的物種，北美洲原本都沒有，是人類無意之間或是為了某些原因而帶入美國的。

當物種進入新的區域，往往會造成一些當地原生物種的滅絕，通常是吃了這些原生物種，或是引發疾病。例如紐西蘭有在地上築巢的鳥類，非原生的鼠類會吃這些鳥類的卵和幼鳥。

美國的栗子樹是另一個例子。來自亞洲的真菌栗枝枯病菌（chestnut blight）幾乎快要把美國的栗子樹滅絕了。亞洲的栗子樹有足夠的時間，演化出對抗這種真菌的方式，所以沒有受到傷害。

雖然有些島嶼上還沒有山羊和鼠類，許多國家也盡力阻擋昆蟲和疾病進入，我們依然持續把有害的生物散播到全球。好的意圖不見得有好的結果。眼前最大的滅絕浪潮在幾十年前開始，當時有人把尼羅河鱸（Nile perch）這種大型魚類引入非洲的維多利亞湖，他們認為這種魚類可以取肉販售，有好的商業利益，但是維多利亞湖中有數百種其他地方都沒有的原生魚類，尼羅河鱸會吃這些魚，現在湖中許多特有的魚類都消失了。

人類毀滅物種的第三種方式是棲地破壞。絕大多數的物種居住在特殊形式的棲地中，而且只在這種棲地中居住。溼地葦鶯（marsh warbler）是居住在沼澤的鳥類，黃腹松林鶯（pine warbler）是居住在松樹林中的鳥類，如果沼澤填平或是松樹林砍了，棲息在這些地方的鳥類也就跟著滅絕了。菲律賓的宿霧島（Cebu Island）曾經有十種原生特有鳥類，在其他地方找不到，當島上的森林剷平之後，其中有九種滅絕了。

最糟糕的棲地破壞行動依然持續，我們正在破壞世界上的熱帶雨林，這些雨林覆蓋了地球表面六％，但是全世界有超過一半的物種居住在熱帶雨林中。巴西靠大西洋側的森林和馬來西亞低地的森林幾乎已經消失殆盡，婆羅洲和菲律賓的雨林也逐漸消失。在二十一世紀中葉，就只剩下南美洲的亞馬遜河流域和非洲的剛果共和國的部分地區有大片的熱帶雨林。

漣漪效應是另一種形式的棲地破壞，通常是始料未及的結果。每個物種需要以其他的物種為食或是過生活，物種之間的關係，像是排好的骨牌，一個骨牌倒下，其他排好的骨牌分支也會跟著倒下。移除了某一個物種，會讓另一個物種也跟著消失，結果讓其他物種瀕臨滅絕。

美洲豹與蟻鵙

大自然中有許多物種，彼此之間的關係錯綜複雜，無法預期某個物種消失之後漣漪效應造成的結果。巴拿馬的巴羅科羅拉多島（Barro Colorado Island）上蟻鵙（音ㄐㄩˊ）的命運，可以讓我們一窺漣漪效應作用的方式。

在二十世紀中期，巴羅科羅拉多島上有三種大型掠食者：美洲豹、美洲獅和角鴞，沒有人料想到這三種掠食者消失後，會使得島上的小型鳥類蟻鵙滅絕，並且讓島上的森林大幅改變。

這三種掠食者通常捕食中等大小的掠食者，例如猴子、西貒和南美浣熊。大型掠食者也會吃中型的草食動物，例如刺豚鼠和駝鼠，這兩種齧齒動物主要的食

上圖：巴羅科羅拉多島

物是種子。當大型掠食者消失，中型掠食者的數量便急劇增加，牠們會吃蟻鴗和蟻鴗的卵。吃種子的動物數量也會增加，牠們吃掉了地上的大型種子，使得具有大型種子的樹木難以有新的樹木長出來，並且往外散播，具有小型種子的樹木族群便成長了。

巴羅科羅拉多島上森林中，種子小的樹木逐漸增加，種子大的樹木逐漸減少，這時其他的改變也發生了。小鼠和大鼠這些吃小種子的齧齒動物數量大增，吃這些齧齒動物的掠食者，例如老鷹、貓頭鷹和虎貓的數量也跟著增加。

美洲豹、美洲獅和角鵰在巴羅科羅拉多島上的數量一直都很少，但是在島上完全消失之後，引發的漣漪效應卻影響到所有植物和動物，同時也使得島上許多種生物滅絕。

生物滅絕有什麼關係？

生物滅絕不是一種自然的過程嗎？若是如此，那麼我們為什麼要擔心現在正在發生的滅絕事件？

沒錯，每一個物種最終都會走上滅絕的道路，但是目前人類造成物種滅絕的速度要遠高於自然滅絕的速度。從化石紀錄可以得知，物種步上滅絕的平均時間，是很長的地質時間。舉例來說，鳥類在自然狀況的滅絕速度，大約是每百年一種，不過現在每年有兩種鳥類滅絕，這是自然滅絕速度的兩百倍。因為滅絕是自然的過程就對當前的滅絕浪潮不擔心，就像是人類最後都會死亡而對於大規模殺人不擔心。

只要記得漣漪效應，就能夠瞭解我們為何應該要擔心大規模滅絕。物種之間是彼此依賴的，你能夠指出哪十種樹是主要的造紙原料嗎？有哪十種鳥類在吃每一種樹上的害蟲？有哪十種昆蟲為這種樹的花授粉？有哪十種動物會散播這種樹的種子？這些鳥類、昆蟲和動物，要依靠哪些生物才能活下去？如果你是木材公司的董事長，你得要先能夠回答這些問題，才知道是否擔得起哪種樹木滅絕的後果。

我在本章一開始說明了我們頭頂上的兩朵烏雲，相較之下，核子毀滅當然是人類的大災難，但是現在並沒有發生，以後發生的機率可能不大。環境毀滅是一種明確的災難，現在正在發生，這項災難在數萬年前便發生了，持續到今日，造成的破壞愈來愈大，速度愈來愈快。我們現在就應該阻止吧？

結語

無法記取教訓？

本書討論的各個主題，總括來說，是講述人類過去這三百萬年來興起的過程，以及說明現在為什麼是人類進展折返點的原因。

最早讓人類的祖先看起來和其他動物不同的跡象，是在二百五十萬年前出現於非洲的粗糙石器。雖然工具成為人類祖先日常的重要物品，但是這些工具並沒有讓人類祖先在發展到人類的過程中大步邁進。

在接下來的一百五十萬年，人類祖先依然居住在非洲，到了一百萬年才散播到歐洲和亞洲溫暖的區域，這使得我們成為三種黑猩猩中散播得最廣的物種，但是還比不上獅子。到了十萬年前，尼安德塔人開始用火，其他方面我們其實只是個大型哺乳動物而已，還沒有發展出絲毫的藝術、建築與高度技術。沒有人知道接下來我們是否會發展出語言、藥物成癮，以及現在的伴侶關係與生命循環模樣。

六萬年前，人類大躍進在歐洲出現，留下了明顯的證據。在這個時期，身體結構與現代人類相同的智人從非洲來到了歐洲。藝術品出現了，同時誕生的還有為了各種用途而製造出來的特殊工具。接下來，不同地區和時間的人類文化開始顯現不同的差異。不論造成大躍進的原因是什麼，總之是基因中極小的一部分變化的結果。人類的遺傳組成和黑猩猩的差異只有一・六%，其中大部分在人類行為大躍進之前便出現了。我認為，人類得到的語言能力引發了大躍進。

這批最早的現代人類具備了優異的特質，但是也有兩種特質是人類現代問題的根源，其一是我們會大規模殺害同類，另一種則是我們會摧毀自己的環境與所依賴的資源。如果在其他的恆星系中，自我毀滅的種子與先進文明的崛起息息相關，那麼我們就該十分清楚為什麼沒有飛碟光臨地球了。

在一萬年前，冰河時期結束，人類文明興起的速度加快，占領了美洲，同時在北美洲和南美洲許多大型哺乳動物也消失了。農業很快展開，幾千年後有了書寫文字。早期的文字記錄下了人類的進展與創新，也顯露出藥物成癮與集體屠殺其實早就是人類生活中的一部分。棲地破壞使得許多社會逐漸凋零。最早抵達玻里尼西亞和馬達加斯加的人類引起當地物種大滅絕。自從有文字歷史以來，裡面便詳細記錄了人類興衰的過程。

一九四〇年代以後，人類有了一夜之間自我毀滅的方式。就算我們沒有犯下大錯、迅速毀滅，然而，饑餓與汙染的狀況愈來愈普遍；毀滅性科技也愈來愈多；農地、海洋中能夠食用的魚，以及其他的天然資源愈來愈少；環境吸收人類廢物的能力持續下降。人類愈來愈多，能夠奪取的資源愈來愈少，我們得有所取捨。

將來會發生哪些事？

種種原因讓我們害怕會有最糟糕的結局。就算是人類一夜之間便消失了，環境破壞的狀況已經非常嚴重，會在未來數十年中持續衰敗下去，有太多物種目前已經處於「雖活猶死」(living dead）的狀態：有個體存活，但是數量太少，不足以維持族群續存下去。

雖然我們能夠從歷史中自我毀滅的行為中得到教訓，但是有許多人依然認為不需要限制人口的成長或是停止破壞環境。有些人是為了私利破壞環境；有的則是因為無知；還有許多人苦苦求生存，並沒有餘裕思考未來，這些狀況顯示破壞是無法停止的。人類其實也屬於「雖活猶死」的物種。人類的未來和其他兩種黑猩猩一樣黯淡。

荷蘭探險家與教授魏企曼（Arthur Wichmann）在一九一二年說了一句話，把這種悲觀看法表露無遺。魏企曼在新幾內亞看到探險家不斷重蹈覆轍，造成不必要的痛苦與死亡，他預測未來的探險家會一直犯下同樣的錯誤。他寫道：「什麼都沒有學到，教訓也全都遺忘。」

但是我相信狀況並非毫無希望。我們的問題都是自己造成的，所以我們也有能力解決這些問題。我們是唯一能夠從他人經驗記取教訓的動物，不論是歷史中的人還是遠方的人。有幾絲希望依然存在，是因為有許多實際避免災禍的方式，例如限制人口成長，保護自然棲地，並且進行其他保護環境的作為。許多國家的政府正在採取相關的措施。

愈來愈多人警覺到環境問題。許多國家已經讓人口增加的速度減緩。集體屠殺尚未完全消失，但是社群科技的普及，有可能減少仇外心態，讓我們漸漸不覺得遠方的人是次等人類或是和自己有多大的差別。一九四五年我七歲，原子彈在長崎和廣島上空爆炸。我記得在之後幾十年，人們都覺得核子戰爭造成的破壞任何時候都會發生。不過現在，核子戰爭的威脅似乎比較遙遠了。這都是讓我們懷抱希望的理由。

要解決我們的問題，並不需要新穎或是尚待發明的技術，我們只需要更多的政府採取更多那些已經正在進行的措施。一般公民也不是毫無影響力。最近一些年來，公民團體已經幫助避免了許多物種的滅絕，例如公眾態度的轉變使得商業捕鯨和為了皮衣獵捕大型貓科動物的情形大幅減少。

我認為人類正面臨著嚴重的問題，以及不確定的未來，但是態度是審慎樂觀的。魏企曼悲觀的預測，後來證明是錯誤的。在他之後到新幾內亞的探險家學到了教訓，沒有引起過往探險家曾經造成的災難。

對於未來，比較恰當的格言可能來自德國政治家俾斯麥（Otto von Bismarck），他在歐洲的政治圈中周旋了數十年。雖然他見到了人類所犯下的許多錯誤與蠢事，但是依然相信我們能夠從歷史中得到教訓。他寫了自傳，並且為這本書題了獻詞，「獻給（我的）孩子與孫子，願他們能夠瞭解過去，並且據以引導未來。」

本著同樣的精神，我把這本書獻給我的兒子和他們同世代的人。如果我們能夠從我追述的歷史中得到教訓，那麼我們的未來可能要比另外兩種黑猩猩要光明燦爛。

環境系 03

第三種猩猩（經典普及版）：人類的身世與未來

The Third Chimpanzee For Young People

作　者——賈德·戴蒙 JARED DIAMOND
改　寫——麗貝卡·斯特福夫 REBECCA STEFOFF
譯　者——鄧子衿
總 編 輯——莊瑞琳
主　編——王　梵
行銷企畫——甘彩蓉
封面設計——黃思維
排版設計——張瑜卿

社　長——郭重興
發行人兼出版總監——曾大福
出　版——衛城出版／遠足文化事業股份有限公司
發　行——遠足文化事業股份有限公司
地　址——二三一四一　新北市新店區民權路一〇八－二號九樓
電　話——〇二－二二一八一四一七
傳　真——〇二－八六六七一〇六五
客服專線——〇八〇〇－二二一〇二九
法律顧問——華洋國際專利商標事務所　蘇文生律師
製　版——瑞豐電腦製版印刷股份有限公司
初　版——二〇一八年七月
初版二刷——二〇二二年八月
定　價——四〇〇元

國家圖書館出版品預行編目資料

第三種猩猩（經典普及版）：人類的身世與未來
賈德.戴蒙（Jared Diamond）著；麗貝卡.斯特福夫（Rebecca Stefoff）改寫；鄧子衿翻譯.
－－初版.－－新北市：衛城，遠足文化，2018.07
面；公分.－－（環境系；03）
譯自：Third chimpanzee for young people
ISBN 978-986-96435-5-9（平裝）
1.人類演化　2.社會演化
391.6　　107009142

ACRO POLIS 衛城
EMAIL acropolis@bookrep.com.tw
BLOG www.acropolis.pixnet.net/blog
FACEBOOK http://zh-tw.facebook.com/acropolispublish

填寫本書線上回函